KB164257

산티아고 가는 길에서

포르투갈을 만나다

I found Portugal on the road to Santiago
by Kim Hyo Sun

Published by Hangilsa Publishing Co., Ltd., Korea, 2015

일러두기

- 카미노: '길'이란 뜻의 스페인어. 이 책에서는 '카미노 데 산티아고' 즉 산티아고 가는 길을 특정 지칭한다.
- 알베르게: 순례자용 숙소(유스호스텔 같은 단체 숙소).
- 오스탈: 순례자용 숙소(1~2인용 개인 숙소).
- 페레그리노·페레그리나: 남·녀 순례자.
- 크레덴셜: 순례증명서. 이를 제시해야 순례자용 숙소에 묵을 수 있다. 각 숙소나 마을사무소에서 이 증명서에 인증도장인 세요sello를 찍어준다. 이를 산티아고에 도착해 페레그리노 오피스에 제출하면 완주증명서를 발급해준다.
- 노란색 화살표: 순례자들을 알베르게로, 나아가 산티아고로 인도하는 길 위의 화살표.
- 아윤타미엔토: 시청(혹은 면사무소). 순례자들에게 더 저렴한 숙소(맨바닥+침낭)를 제공하기도 하고, 알베르게를 안내하거나 세요를 찍어주기도 한다.
- 도보가 아닌 교통수단을 이용해 이동한 경우에는 본문 위쪽에 이동거리를 적지 않았다.
  (자세한 사항은『산티아고 가는 길에서 유럽을 만나다』의 산티아고 가는 길 A to Z 참조)

산티아고 가는 길에서
포르투갈을 만나다

카미노의 여인 김효선 글·사진

한길사

김효선의 산티아고 가는 길 3부작

산티아고 가는 길에서
유럽을 만나다
프랑스 길
San Sebastián
Bilbao
Pamplona
Vitoria-Gasteiz
Logroño
Toulouse
Montauban
Albi
Castres
Montpellier
Nimes
Béziers
Narbonne
Perpignan
Zaragoza
Lleida
Terrassa
Sabadell
Badalona
Barcelona
l'Hospitalet de Llobregat
Tarragona
Castellón de la Plana
Valencia
Albacete
Elche
Alicante
Murcia
Lorca
Cartagena
Almería
El Ejido

contents

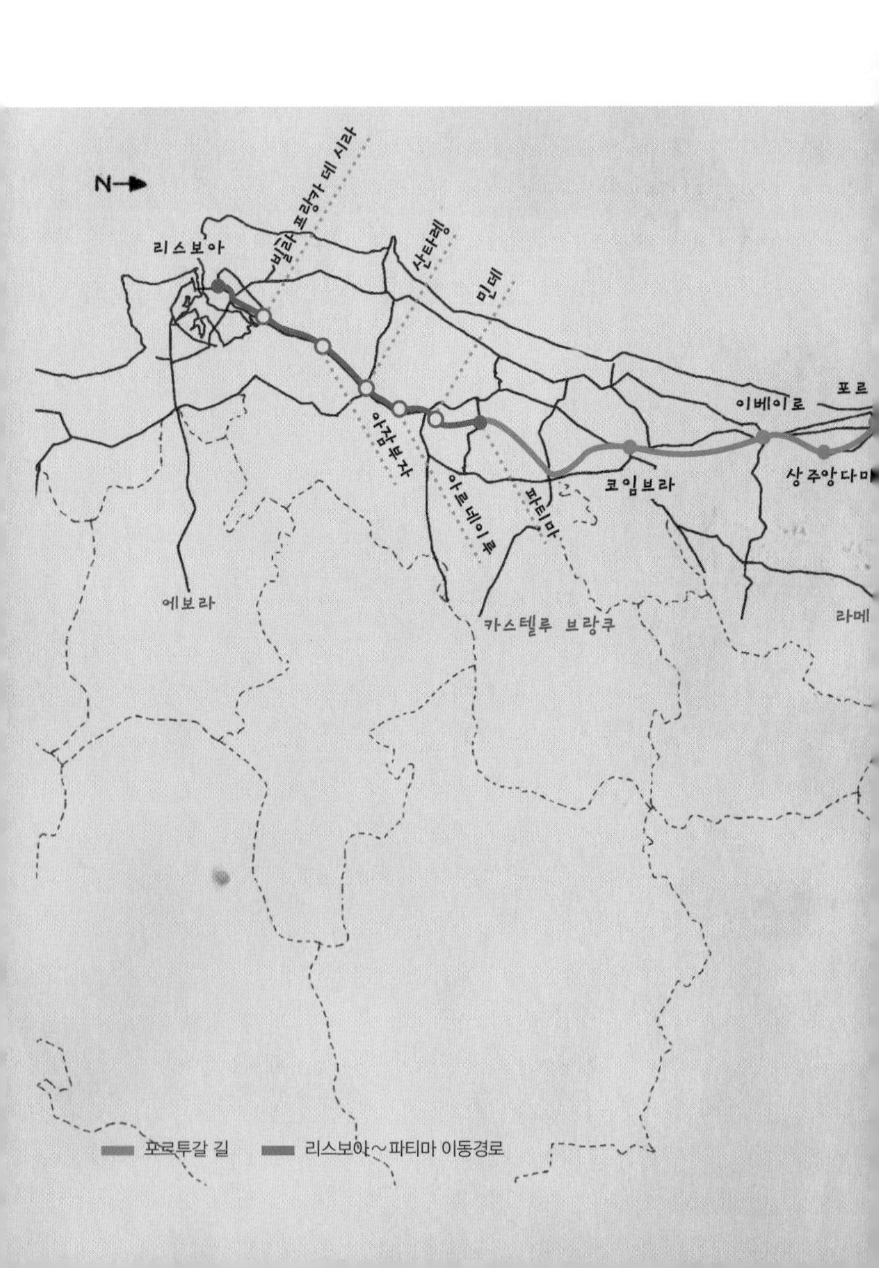
N
리스보아
빌라 프랑카 데 시라
산타렝
민데
아잠부자
아르네이루
파티마
코임브라
이베이로
포르
상 주앙 다 마
에보라
카스텔루 브랑쿠
라메
포르투갈 길
리스보아~파티마 이동경로

리스보아~파티마

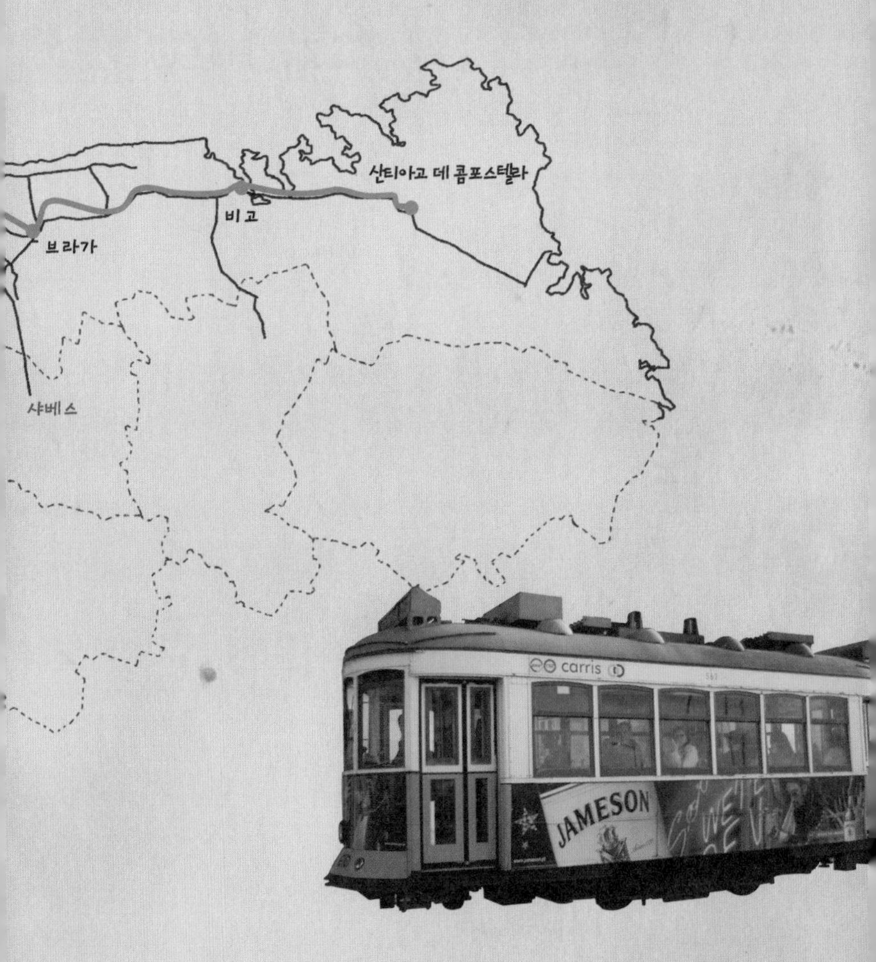

Day 1~8

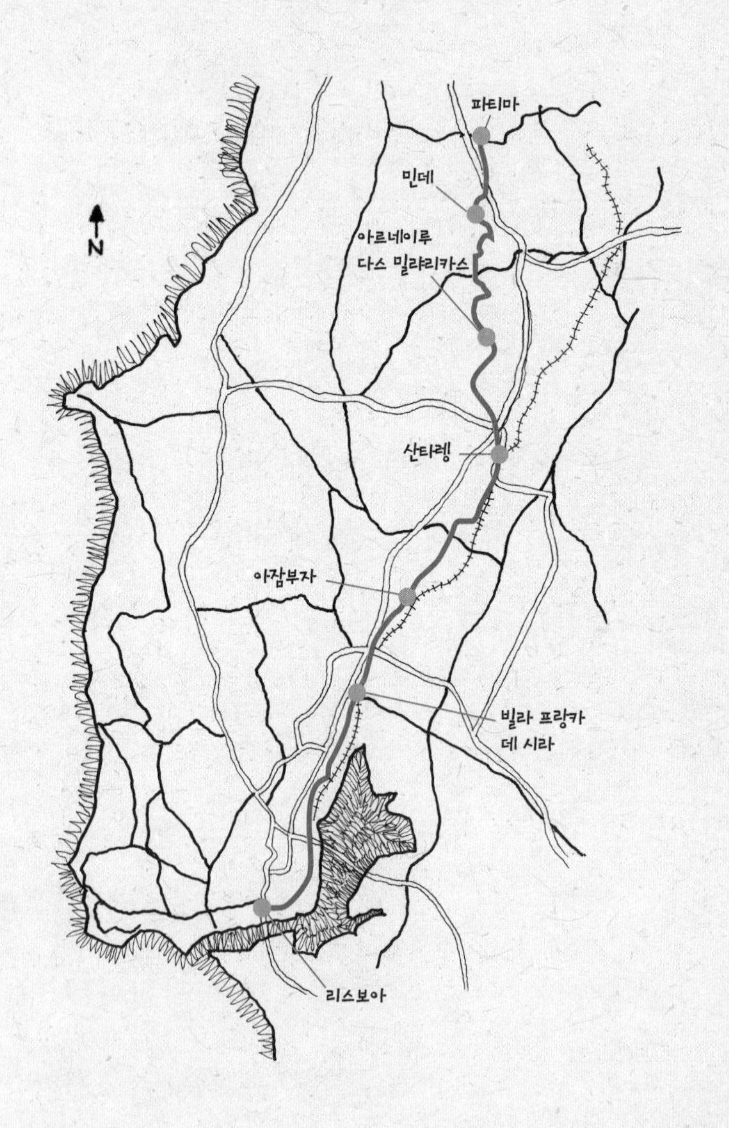

Day 1

리스보아

Lisboa

봉 지아, 리스보아!

영종도를 박차고 오른 루프트한자는 뮌헨을 거쳐 밤이 깊어가는 늦봄의 리스보아에서야 지친 날개를 내렸다. 5월 11일 밤 9시 30분. 밤이지만 날씨는 맑고 달은 밝았다. 산티아고로 가는 나의 마지막 루트인 포르투갈 길을 이곳 리스보아에서 시작하려 한다.

리스보아에서 우선 이틀을 머무를 예정이니 시내로 가서 숙소부터 잡아야 했다. 그런데 밤 11시까지 운행한다는 버스가 30분을 기다려도 감감무소식. 함께 기다리던 독일인 중년 부부에게 같이 택시를 타고 가지 않겠냐고 슬쩍 떠보았다. 리스보아의 공항은 도심에서 가까우니까 택시비도 그다지 비싸지 않을 테고, 무엇보다 혹시 있을지 모르는 늦은 밤 혼자 택시 타는 위험을 피하기 위해서다. 기다리다 지친 여행자들처럼 쉽게 의기투합하는 사람들이 또 있을까. 그들은 호시우 광장의 호텔에서, 난 바로 옆 피게이라 광장에서 내렸다.

너그러운 독일인들 같으니, 택시비 15유로 중 난 5유로만 냈다!

피게이라 광장의 숙소비가 저렴하다는 정보를 들었던 터. 내가 선택한 숙소는 '이베리카'다. 처음 들어간 펜상pensâo의 숙박비는 35유로였는데, 그다음으로 찾아간 펜상 이베리카는 고작 20유로. 우선 위치가 좋았다. 교통이 편리한 피게이라 광장 주변을 낡은 건물이 빙 둘러싸고 있는데, 그중 한 건물이었던 것. 1층에는 '메르카두 피게이라'라는 역사가 오래된 슈퍼마켓과 바가 있고, 2층도 가게다. 3층 로비에서 영어를 잘하는 인도 출신의 중년 아저씨 안내로 방을 본 뒤 신속하게 결정을 내릴 수 있었다. 3~5층이 숙소였는데, 난 5층, 광장이 훤히 내려다보이는 방을 골랐다.

건물은 낡았지만 침대 시트가 깔끔해서 좋았다. 복도 끝에 마련된 공용 화장실과 욕실을 써야 했지만 방에도 간단한 세면대가 있어 불편하지 않았다. 무엇보다 빼어난 야경이 밤에 도착한 여행자의 맘을 사로잡았다. 위치도 리스보아 도심 한복판이라 나무랄 데 없고.

짐이라야 풀 것도 없다. 여독? 야경의 유혹에 비하면 아무것도 아니다. 침대 옆에 배낭을 던지듯 내려놓고 고즈넉한 피게이라 광장의 야경에 넋을 빼앗겼다. 광장 입구에는 바다를 향해 달릴 것 같은 말에 올라탄 돈 후안의 기마상이 서 있었다. 위로는 호시우 광장, 아래로는 코메르시우 광장이 연이어 있어, 삼삼오오 오가는 사람들이 제법 많았다. 밤늦은 시간에 손님을 기다리며 늘어선 택시들. 맑은 쪽빛 밤하늘에 휘영청 빛나는 둥근 달. 아, 아름다운 밤이에요. 봉 지아, 리스보아!

피게라스 광장은 교통이 편리할 뿐 아니라 주변의 숙박비도 저렴하다.

Day 2

리스보아

Lisboa

지구상 단 하나, DIY 크레덴셜

여독은 정말 아무것도 아니었다. 이른 새벽부터 이 도시를 즐길 생각에 눈이 번쩍 떠졌다. 리스보아는 6년 전에도 왔었다. 그때는 폼발 광장 근처의 유스호스텔에서 묵었다. 다시 리스보아에 오게 된다면 호시우나 피게이라에서 머무르자고 스스로에게 다짐했었다. 어느 때라도 리스보아를 어슬렁거리며 돌아다니기에 매우 편리한 곳에 있었기 때문이다.

세계의 주요도시들을 다녀봤지만 아침 6시에 카페문이 열려 아침을 간단하게 먹을 수 있는 곳은 거의 없었다. 그런데 이곳 호시우와 피게이라 광장 근처의 카페는 새벽부터 문을 열어놓고 손님을 맞고 있었다. 호시우 광장에 기차역이 있어서일까? 새벽인데도 카페에는 손님이 많았다. 커피와 함께 크라상 또는 수프와 샌드위치로 아침을 먹으며 신문을 읽고 있는 사람들. 그중 사람이 많은 곳을 골라 들어

갔다. 크라상에 커피를 곁들이니 이내 마음까지 훈훈해진다. 카페 안팎을 둘러보며 오가는 사람들의 일상을 이리저리 상상해보는 즐거운 시간, 여행지에서의 하루는 이렇게 서울에서보다 완연 느긋해야 제맛이다.

이른 아침의 도시산책을 마치니 마음부터 벌써 카미노 모드로 접어들었다. 포르투갈 길을 걷기 위한 순례자 증명서인 크레덴셜부터 만들기로 맘먹고서 정보를 얻으러 인포메이션으로 갔다. 광장의 돈 후안 기마상이 바라보는 아우구스타를 따라 남쪽으로 내려가 아우구스타 아르코 데 빅토리아 게이트를 지나 코메르시우 광장의 인포메이션센터로 갔다. 코메르시우 광장은 1755년의 대지진으로 파괴된 마누엘 1세의 궁전이 있던 곳으로 궁전 광장으로도 불리는데 중앙에 주제 1세의 기마상이 서 있다. 그런데 그 동상을 공사용 울타리가 둘러싸고 있었다. 마치 대양을 통해 이루려던 대제국의 꿈을 포위당한 처연한 모습으로, 무연히 흐르는 타호 강만 응시하는 주제 1세.

인포메이션은 그 기마상 오른편의 긴 회랑 초입에 있었지만, 산티아고 순례자를 위한 정보는 아무것도 없었다. 내가 원하는 정보는 단 하나, "어디서 크레덴셜을 만들 수 있나"였는데 그것도 일러주지 않는 인포메이션이라니. 카테드랄 즉 대성당으로 가보란 얘기였지만, 십중팔구 카테드랄에서는 크레덴셜을 만들어주지 않을 것이다. 세비야에서도 대성당에서는 크레덴셜을 발급하지 않았다. 그래서 리스보아에서도 그럴 것이란 생각에 인포메이션부터 찾아간 것이었는데…. 대성당에서는 영어 가능자를 만나기가 더 어려울 게 분명하기도 했고.

리스보아 구도심 로시우 광장 부근의 골목.

역시 카테드랄에서는 예상대로였다. 크레덴셜은 만들어주지 않고 도장만 찍어준다는 것. 대성당에서 만난 분과는 의사소통이 되지 않았다. 그가 가르쳐준 다른 성당으로 갔지만 그곳에서도 사람을 만날 수 없었다.

'이리저리 다니며 사람을 기다리느니, 내가 직접 만든 크레덴셜을 들고 가자.'

세 군데에서 헛수고하고 나자, 목마른 내가 우물을 파기로 했다. 사실, 카미노 프랑세스에서 자신이 만든 크레덴셜을 들고 다니는 사람을 본 적이 있었다. 다시 숙소로 돌아와 로비에서 A4용지를 여섯 장 얻고, 칼과 호치키스도 빌렸다. 겉장은 성당에서 가져온 소책자의 겉표지를 이용했다. 조금 두꺼운 게 제격이었다. 생각보다 쉽고 간단하게 크레덴셜이 생겼다. 내 이름과 출발지, 목적지, 걷는 방법, 여권번호 등을 기입해 완성한 크레덴셜을 들고 카테드랄로 다시 갔다. 오전에 만났던 아저씨를 다시 만나 크레덴셜을 보여주고 도장을 찍어달라고 했다. 내 크레덴셜을 살펴본 아저씨는 엄지를 치켜세우고 '봉봉'bom bom이라고 말하고는 스탬프를 찍어준 뒤 '카림보'라고 한다. 스페인에서는 이 스탬프를 '세요'라고 불렀다. 포르투갈에서는 세요가 카림보carimbo인 것이다. 앞으로 아주 유용하게 쓸 말이니만큼 카림보란 단어가 귀에 쏙 들어왔다. 이로써 나의 카미노 포르투게스 출발 준비는 끝났다. 내일이면 이제 북쪽으로 걷기 시작하리라! 힘차게, 파티마와 포르투를 거쳐, 나의 산티아고로!

전차로 알차게 리스보아 즐기기

리스보아에서 출발하는 카미노 여행자들이 거기 마냥 눌러앉아 여러 날 도시 구경을 할 수는 없는 노릇이니, 알차게 도시를 둘러볼 기찬 방법이 뭐 없을까? 물론 있다. 기찬 전차가 있다. '일레트리쿠'라 불리는 전차. 그중에서도 리스보아의 명물인 시가전차 28번을 강추한다. 28번 전차는 바이루 알투, 바이샤, 알파마, 이 세 지구를 연결하여 언덕을 오르락내리락하며 온갖 좁은 골목길을 누비고 다니는 노선이어서, 늘 관광객으로 붐비는 인기 만점의 전차다. 샌프란시스코처럼 유달리 언덕이 많은 도시 리스보아. 이 전차를 타고 세 지역만 돌아보아도 리스보아의 명소를 두루 둘러볼 수 있다.

전차이용법도 맘에 쏙 든다. 홉 온hop on, 홉 오프hop off, 즉 맘에 드는 데서 훌쩍 내렸다가 다시 다음 차를 냉큼 집어타고 다른 곳으로 얼마든지 이동할 수 있는 것. 바이루 알투 지역에 내려서 에스트렐다 성당이나 애절한 파두 음악이 흐르는 카페에서 젊은이 문화를 돌아본 후, 바이루 알투와 알파마 사이 저지대인 바이샤 지구로 내려와 호시우, 피게이라, 코메르시우 등 도심 광장 주변의 서울 명동 같은 분위기를 즐긴 후, 다시 28번을 타고 꼬불꼬불 미로 같은 골목이 이어지는 알파마 지구로 이동해 대성당과 산 조르제 성채까지 둘러본다! 기찬 전차 덕분에 하루가 알차다.

L. CAMÕES 28
carris
JAMESON

TRAVESSA
SÃO TOMÉ
COMPANHIA CARRIS

배 모형을 들고 대양을 바라보는 엔리케 왕자 상. 그는 15세기에 전설의 왕국 아비시니아를 찾아
꾸준히 아프리카 항로를 개척해 노예 무역으로 큰 부를 쌓았다.
그 결과 해상왕국 포르투갈의 전성시대를 이끌었다.

CÃO

Day 3

리스보아 → 빌라 프랑카 데 시라(39.4km)

Lisboa → Vila Franca de Xira

걸으면서 창조한다

카미노 포르투게스의 출발점은 알파마 지구의 대성당 카테드랄이다. 이슬람으로부터의 국토회복이 끝난 뒤 이를 기념해 세운 카테드랄은 코메르시우 광장의 궁전도 무너뜨렸던 1755년 대지진 때도 끄떡없었을 정도로 육중한 구조물이다.

아침 6시. 800살이 넘은 카테드랄 건물의 오른편에 있는 노란색 화살표. 이번 카미노의 첫 이정표다. 화살표는 알파마 지구의 골목길 아래로 향해 있었다. 이제껏 숱하게 알파마를 돌아다니면서도 보지 못했던 재밌는 골목길들이 새벽 순례자를 반겼다. 골목길은 파두 박물관을 지나 산타 아폴로니아 역으로 꼬불꼬불 이어졌다.

아직까지 길에서 다른 순례자를 만나지는 못했다. 혼자 걷는 길, 누군가와 보조를 맞추거나 배려하는 일이 없으니 우선 편했다. 나만의 리듬대로 자주 앉아서 쉴 수 있어 좋았고, 부지런히 걸어가 알베르게에서 얼른 침대 하나 꿰차야 한다는 부담도 없어 좋았다.

많은 생각과 멋진 아이디어가 머릿속을 맴돌았다. 그때마다 적으면 좋겠지만, 길을 걸으며 메모하는 게 그리 쉽지만은 않다. 그래도 나름 열심히 메모하는 습관 덕분에 산티아고 가는 길 첫 책인 『산티아고 가는 길에서 유럽을 만나다』를 펴낼 수 있었다. 나의 산티아고 첫 경험이었다. '카미노 프랑세스'와 '카미노 노르테' 이 두 길에서 잠시라도 만나 대화를 나눠 내 메모에 기록된 친구들을 나중에 헤아리니 35개국을 망라했다. 그 책으로 자칭 '카미노 전도사'가 되었다.

세비야에서 출발해 카미노를 마친 뒤 『산티아고 가는 길에서 이슬람을 만나다』를 출판했다. 책을 읽고 많은 사람이 격려를 받았다고 메일을 보내왔다. 강연을 통해 은퇴자들을 위한 휴먼테크로 카미노를 소개하는 호사도 누렸다. 독자들에게 내가 소개하고 싶었던 건 단순히 스페인의 걷기 루트만은 아니었다. 내 책과 강연의 목적은 늘 머무르던 공간에서 한번쯤 벗어나, 마치 컴퓨터에서 마우스로 드래그 하여 새로운 장소로 순간 이동하듯이 훌쩍 낯선 곳에 떨어져 온몸으로 걸으며 나를 찾아가는 여행을 해보라고 권유하는 것이었다.

장거리 도보여행은 걷기가 여행의 수단이 아니라 목적이 되어야 한다. 장거리를 걸으면 몸을 튼튼하게 다지기도 하지만, 걷다 보면 자신도 모르는 사이 홀연 명상의 시간이 펼쳐지고 마음의 먹구름이 걷히며 정신이 맑게 갠다. 도보여행은 작은 것에 만족할 줄 아는 소박함 속에서 삶을 되새김해보는 소중한 기회를 선사한다. 걸을 때마다 우리의 뇌는 영감을 떠오르게 하는 모드로 전환되는지, 창의적인 아이디어가 샘물 솟듯하고, 까마득하게 잊었던 것들조차도 이 전환

오토모바일 노마드(Automobile Nomad).
소라를 이고 다니는 게처럼 자동차를
이동수단 겸 숙소로 이용하며 여행을
즐기는 이가 한적한 곳에 차를 주차했다.

장치에 의해 불현듯 기억의 표면으로 떠오른다. 만일 '내 몸 사용법' 같은 매뉴얼이 있다면, 뇌 부분의 설명은 간단할 것 같다. '잠을 충분히 자라' '낯선 것을 즐겨라' '적당히 매일 걸어라'라고 쓰여 있을 테고, '추신: 걷는 장소가 꽃과 새소리와 강물이 흐르는 곳이면 뇌는 더욱 활성화된다'는 정도가 덧붙여 있으리라. 이런 뇌 전환장치를 잘 활용하는 이들이 과학자가 되고, 음악가가 되고, 작가도 되는 것이니, 전문성을 가진 위대한 창작자들에게서 우리가 배울 것 중 '넘버원'이 바로 그런 뇌 활용법의 극대화가 아닐까.

바스쿠 다 가마!

길은 리스보아 도심 오른편으로 타호 강을 따라 이어지지만 강가를 따라 걷는 길은 아니다. 리스보아 시민의 휴식처인 국제공원 즈음에서 그만 길을 잃었다. 노란색 화살표가 눈에 띄지 않았다. 카미노 포르투게스 지도에 표시된 대로 국제공원을 지나 바스쿠 다 가마 다리를 향해 걸었다. 국제공원은 1998년 "대양, 미래를 위한 유산"이라는 주제로 열린 리스보아 만국박람회장이었다. 바스쿠 다 가마가 대항해에 나서 인도에 도착한 해가 1498년 봄이었으니, 그 500주년을 기념한 행사였다. 리스보아 박람회는 대성공이었다고 한다.

지금도 대형 쇼핑몰인 바스쿠 다 가마 쇼핑센터가 있고, 커다란 배가 정박한 듯한 모양의 쌍둥이 빌딩이 길잡이를 해주었다. 국제공원 안으로 들어가 긴 로프웨이를 따라 걷는 길은 상쾌했다. 바스쿠 다 가마 타워를 지나 벤치에 앉아 바닷바람을 맞으며 바스쿠 다 가마를 생각했다.

바스쿠 다 가마의 인도양 항로 개척을 통해 포르투갈은 인도, 인도네시아 등지에서 금보다 비싼 후추와 각종 향료를 실어날랐다. 당시 냉장고와 조미료가 없던 시절, 유럽인에게 고기를 절이고 톡 쏘는 맛이 있는 향료는 최상의 기호품이었다. 이 향료는 포르투갈에 엄청난 부를 안겨주었다. 바스쿠 다 가마의 인도항로 개척은, 영국의 산업혁명 시기에 애덤 스미스가 쓴 『국부론』에서 세계역사상 2대 사건 중 하나로 평가받았을 정도로 대단한 일이었다. 지금도 바스쿠 다 가마는 그 공을 인정받아 둘째가라면 서러워할 포르투갈의 자랑이다.

바스쿠 다 가마 탑을 지나 테호 강을 가로질러 남쪽으로 뻗은 바스쿠 다 가마 다리를 지났다. 멋진 사장교다. 이제 리스보아의 신도시를 지난 것이다. 트랑카오Trancao 강과 타호 강이 만나는 곳에서 좌회전하여 주차장을 끼고 오른편으로 트랑카오를 끼고 걸으니 다시 화살표가 보이기 시작했다. 지도만 믿고 따라온 덕이다. 다시 트란싸웅을 건너 이번에는 강을 왼편으로 끼고 걸어야 한다. 다리를 건너기 전 마주친 사람에게 산티아고 가는 길을 물으니, 바로 앞의 다리를 가리키며 외쳤다.

'파티마! 카미뇨 파티마!'

나의 나그네 행색을 살피고서 파티마로 가는 길을 일러준 것이다. 그렇게 다리를 건너니 그림으로 익혀둔 반가운 카미뇨 파티마 이정표가 나타났다. 어찌나 설레는지 둘러멘 가방이 어깻바람에 들썩들썩거린다. 이제부터는 노란색 화살표를 대신한 카미노 파티마 이정표가 길을 안내한다. 물론 포르투갈어 카미뇨caminho는 스페인어 카미노와 같아서 '길'이란 뜻이다.

위 커다란 배가 정박한 듯한 모양의 쌍둥이 빌딩이 길잡이 역할을 한다.

아래 타호 강을 가로지르는 17.2km 바스쿠 다 가마 다리.

리스보아를 벗어나니

어느새 도심을 벗어나 아름다운 들길을 따라 걷는다. 실개천이 흐르고 습지를 품어 안은 넓은 계곡을 따라가는 길이다. 습지에 둥지를 튼 다양한 새소리를 들으며 가는데, 어디서 나타났는지 말 한 마리가 마실이라도 나온 듯 우아하게 나를 따라 걷는 것이 아닌가. 말에는 고삐가 없었다. 지나는 이 하나 없는 이 길에서 내 유일한 동행이 된 저 말.

얼마 전까지 리스보아에서 세계를 누비던 바스쿠 다 가마와 포르투갈의 영화를 떠올렸는데, 금세 딴 세상에 온 듯하다. 나는 좁은 길을 걷고 마공께서는 잡풀이 우거진 길을 따라 나와 평행을 이루며 간다. 내가 장난스레 말을 걸었다.

"흠 마공! 난 갑자기 나타난 그대를 보고 흠칫 놀라 길을 멈추었지만, 그대는 나를 슬쩍 바라보았을 뿐이오. 내가 그리 위험한 인물이 아님을 빠르게 간파하시니 참으로 내공이 깊으시오. 멋진 그대 모습도 좋지만 난 함께 이 카미노를 완주할 내공 깊은 순례자를 원한다오. 그래, 오늘 이 길을 지나는 순례자 혹시 보셨습니까?"

그렇게 질문을 던져놓고 대답을 기다리는데, 어럽쇼, 느긋하게 걷던 마공, 갑자기 멈추어 앞발로 몇 번 툭툭 땅을 치더니 획 돌아서서 오던 길로 가버리는 게 아닌가.

'앗, 이런! 이런! 그대의 동행을 마다하고, 내공 깊은 순례자를 원한다고 삐치셨나보오, 마공!'

오늘의 도착지는 알베르카 도 리바테호. 리스보아에서 30km 남짓 떨어진 곳인데, 쉬엄쉬엄 홀로 걸었더니 아홉 시간이나 걸려 도착했다. 오후 3시가 넘어 마을에 접어들었는데, 어랏, 숙소가 없단다. 내 정보에 따르면 틀림없이 레지덴시알(스페인의 오스탈 같은 숙소)이란 숙소가 있어야 하는데 말이다. 현지 주민 말로는 지금은 그 숙소가 없으니 5km 더 가서 알한드라의 숙소에 묵든가 아니면 더 먼 빌라 프랑카 데 시라까지 가야 한다는 것.

일단 카페에 들어갔다. 거기서 쉬면서 다시 물어보니, 예전에는 숙소가 있었지만 지금은 운영을 안 한다고. 물론 이런 정보를 얻는 데는 그들이 쓰는 포르투갈어와 스페인어, 영어, 그리고 눈치 9단까지 총동원해야 했다. 그래서 가까운 알베르카 도 리바테호의 기차역에서 세 정거장 거리에 있는 빌라 프랑카로 갔다. 1, 2번 홈, 요금 1.20유로 빌라 프랑카 데 시라는 작은 도시다. 이곳의 투우가 유명하여 그 경기를 보기 위해 많은 사람이 찾는 도시이기에 활력이 넘쳤다. 소와 말을 탄 투우사의 상이 도시의 상징일 정도다.

역에서 경찰에게 물어 찾은 숙소는 펜상 훌로라. 25유로, 욕실 공용에 아침 포함. 욕실 포함인 숙소는 38유로. 슈퍼에서 저녁거리를 사며, 내일의 점심과 물까지 준비했다. 출발 첫날, 길에서 순례자를 만나지 못했는데 저녁 무렵 숙소의 로비에서 시끄럽게 떠드는 소리가 들렸다. 여러 사람이 계단을 올라오는 기척이 요란했다. 내다보니 작은 배낭

을 멘 무리가 올라왔다. 파티마로 가는 순례자들이었다.

이들은 모두 주홍색 형광 조끼를 입었다. 사진으로 많이 본 모습이다. 파티마로 가는 순례자는 대부분 삼삼오오 짝을 이루어가거나 아예 줄을 지어 20여 명이 가기도 하는데, 이들은 대개 간단한 소지품을 담을 배낭이나 가방만 들고 간다. 이런 순례자들이 조용한 홀로라에 단체로 숙박을 한 것이다. 수학여행 온 기분으로 들뜬 모습들이다. 내일 이 단체 순례자들과 함께 걸어갈 생각에 사뭇 흥미가 일었다. 서울에서 준비해온 포르투갈 회화 메모지를 펼쳐본다.

"봉 지아!"는 안녕하세요! "오브리가다"는 감사합니다! "에우 소우 코레아누"는 전 한국사람이에요. "무이투 프라제르"는 처음 뵙겠습니다. "프라제르 엥 코네셀라"는 만나서 반갑습니다. "보아 뷔아젱"은 즐거운 여행 하세요! "부엔 카미뇨"는 순례자들의 인사. "아테로구"는 헤어지는 인사. 음냐음냐, 오늘밤 꿈은 포르투게스로 꾸려나….

Day 4

빌라 프랑카 데 시라 → 아잠부자(19.5km)

Vila Franca de Xira → Azambuja

오브리가다, 아테로구~

모처럼 오래 걸은 탓에 까무러치듯 쓰러져 잤다. 깜짝 놀라 눈을 뜬 새벽, 밤새 휴대폰 배터리 충전을 안 한 걱정부터 들었다. 오늘 걷는 거리는 20km가 채 안 되어 대여섯 시간이면 도착하니까 느긋하게 아침을 보내도 된다.

우선 간밤에 하지 못한 노트정리부터 마쳤다. 생각이란 것이 그리 오래 머물지 못해, 늘 메모하지 않으면 무엇을 생각하고 있었는지조차 까먹기 일쑤다. 숙박비에 포함된 아침을 챙겨 먹으려고 7시에 식당으로 갔다. 이미 몇 명의 투숙객이 식사 중이었다. 기대했던 단체 순례자들은 아직 내려오지 않았다. 식사래야 토스트 두 조각에 잼, 햄 몇 조각이 고작이다. 마실 것도 두 종류의 주스와 커피, 우유뿐이다. 하지만 식탁의 테이블 세팅은 고급 레스토랑 못지않았다.

하얀 셔츠에 넥타이 정장을 말끔하게 차려입은 무표정한 노인이 책을 들고 들어왔다. 그는 비어 있는 5인용 테이블에 앉았다가 웨이터의 권유로 나의 왼편 빈자리에 앉게 되었다. 그가 손에 들고 온 책은 성서였고, 그보다 작은 소책자를 같이 펼쳐 읽기 시작했다. 줄을 쳐가면서 어찌나 공들여 읽는지. 성서 겉표지에 새겨진 황금빛 메노라(일곱 가지 촛대)가 유난히 빛났다. 황금빛 메노라는 특히 유대인의 예배의식에 사용되는 것으로 아마도 그 노신사는 십중팔구 유대인이었을 것이다. 노인은 식사가 배달되었는데도 읽기를 멈추지 않았다. 아마도 습관적으로 읽는 매일의 성구가 끝나야 식사를 할 모양이다.

왠지 서늘함이 느껴지는 노인이다. 웃음기 없는 차가운 인상 탓이리라. 매일 아침 성구를 읽는 것과 더불어 미소 짓는 연습도 하면 어떨까? 이 세상을 평화롭게 하는 데 있어, 습관적으로 성서를 눈과 입으로만 읽어 평화와 사랑을 배우는 게 빠를까, 아니면 매일매일 부드러운 미소와 따뜻한 표정으로 성서가 말하는 평화와 사랑을 자그맣게 실천하는 게 빠를까?

반면 나와 마주 앉은 할아버지는 청바지에 캐주얼한 복장이다. 어제도 뵌 분인데 말씀은 없으셨지만 미소로 인사를 하고 표정이 밝다. 이분이 먼저 식사를 마치고 일어서며 내게 "보아 뷔아젱"이라며 손을 흔들고 나가셨다. 어머나, 멋지셔라! 나도 일어서서 "오브리가다, 아테로구~"(감사합니다, 안녕히 가세요~)란 인사를 절로 하게 된다. 스스로가 밝아서 남들 기분도 환하게 해주는 것, 난 그런 게 좋다.

단체 순례자는 내가 가방 꾸려 길을 떠나도록 아무도 나오지 않았다. 출발을 늦게 하나보다. 오늘의 출발은 숙소 옆으로 난 길을 따라 계속 북으로 직진하면 된다. 직진으로 뻗은 큰 도로를 걷다 고가

다리 밑으로 직진하여 걷는다. 곧 육교가 나오는데 진행 방향으로 육교 왼쪽이 다음 만나는 길에 들어서기 편리하다. 호텔 레지리아를 지나 만나는 복잡한 교차로도 고가차도 아래를 통과해 계속 직진한다. 화살표가 차도 건너편으로 나 있어 처음에는 기겁했지만, 차량 흐름을 잘 살펴 신호가 바뀔 때 주의해서 건넜다. 'M1, Alenquer 10km, Carregado 6km'라는 도로표지판이 가리키는 방향으로 가야 한다. 신경을 곤두세우고 걸어야 하는 자동차도로를 지났다.

다음으로 이어지는 길도 주변에 대형 물류창고와 공장이 많아 대형 컨테이너가 자주 지나는 곳이다. 길 안내는 잘 되어 있지만, 굳이 "난 꼭 걸어서만 가리라!"가 아니라면 빌라 프랑카에서 기차를 타고 아잠부자로 건너뛰는 게 좋을 것 같다. 거센 바람을 안고 걸으니 힘들다. 뜨거운

태양도 바람결에 한풀 꺾인 탓인지 그다지 성가시지 않다.

드디어 만나다

아무도 없는 길, 흔들리는 갈대를 바라보며 상념에 젖어 걷는데, 어디선가 나를 부르는 소리.

"부엔 카미노, 페레그리나!"

깜짝 놀라 뒤돌아보니 골리앗같이 체격 좋은 아저씨가 손을 흔들며 다가온다. 어찌나 반가운지. 스페인 북부 빌바오에서 온 안톤이다. 나와 같은 날 리스보아에서 출발한 그는 간밤에 알베르카 도 리바테호의 봄베이로스에서 묵었다고 한다. 영어를 전혀 못하고 바스크어와 스페인어를 쓴다. 아니, 그런데, 봄베이로스 벌룬테리오스에서 잤다고? 맙소사, 난 숙소가 없다고 들었는데…. 포르투갈 길에서 처음 만나는 순례자인데 반가운 마음도 잠시, 안톤은 아잠부자에서 만나자며 긴 다리로 성큼성큼 앞서갔다.

오늘은 왼쪽 무릎이 아파 살살 달래며 쉬엄쉬엄 걸었다. 아잠부자에 이르니 공동묘지가 먼저 맞아준다. 죽은 자들의 거처가 어찌나 화려한지 한참 동안 내 눈길을 사로잡았다. 스페인은 물론 유럽 곳곳을 여행하며 공동묘지를 많이 봤지만, 이렇게 섬세하고 화려하며 정갈한 공동묘지는 아주 드문 편이다. 눈물이 뚝뚝 떨어질 것 같은 대리석의 성모상은 박물관에 있어도 될 것같이 정교하고, 다른 성인들의 상과 천사상들 역시 그 조각들이 섬세하고 세련되었다. 묘지를 둘러보던 검은 옷을 입은 할머니가 묘지 문을 잠그는 걸 기다렸다가 함께 길을 걸었다.

소방서인 봄베이로스에서는 무료로 숙소를 제공해준다.

"어디서 왔수?"

"코레아에서 왔는데요."

할머니가 손을 위아래 움직이며 물었다.

"북이야, 남이야?"

"남쪽이에요. 서울 코레아에서 왔어요."

"어디까지 가남?"

"파티마를 지나 쭈욱 위로 가서 산티아고까지 가요."

그다음부터 하시는 말씀은 통 알아들을 수 없었다. 하나님과 마리아에 대한 얘기까지 나오면서 얘기를 길게 하시는데, 할머니 서운하시지 않게 그저 "씽, 씽, 오브리가다"(네네, 감사합니다)로 대꾸하며 걸었다. 난처한 동행이 계속되다 다행히 길이 갈라지는 곳에서 헤어지게 되었다. 아테로구, 할머니!

숙소를 찾기 위해 마을 입구에 있는 주유소에서 물어보니 마침 주유하던 아저씨의 영어가 능통해 시원스럽게 위치를 알려주었다. 마을센터인 교회 주변으로 숙소를 찾아 걸어가다 앞서간 안톤을 만났다. 그는 이미 배낭을 벗어놓고 마을 구경을 나온 것이었다. 안톤이 머무는 숙소에 나도 가겠다고 하니 봄베이로스라고 하며 공짜라고 한다. 공짜!!!

그가 가르쳐준 곳으로 가니 '봄베이로스'는 다름 아닌 소방서였다. 소방서 사무실에 들어서 순례자임을 밝히니 안내를 해준다. 씻는 곳은 소방관들이 사용하는 1층 샤워실이고 잠을 자는 곳은 3층 강당이다. 강당 군데군데 매트리스가 흩어져 있었다. 이 정도면 황송하다. 감사하게 자고 가겠습니다. 날씨도 좋다. 배낭을 내려놓고 매트리스 하나를 들어다 강당 한구석에 자리잡았다. 샤워를 하고 빨래를 해 바람 잘 통하는 통로에 널어놓으니 길에서 쌓인 피로도 말끔히 사라진다.

파티마를 거쳐 산티아고까지

내가 갖고 있는 지도에는 파티마를 경유해가는 루트가 표시되어 있지 않았다. 그래서 파티마 루트 지도를 구하기 위해 마을 사무소로 갔다. 그런데 그곳에도 파티마 루트 지도는 없었다. 슈퍼에서 장을 보고서 봄베이로스로 돌아오니 뒤따라 순례자들이 들어왔다. 네덜란드에서 온 얀과 제프다. 인사를 나누며 내가 아는 네덜란드 사람 중에 얀이 셋이나 있다고 하니, "나는 수두룩한 얀 중의 한 사람인 얀이고, 이 사람은 유일한 제프랍니다." 하하하, 나도 수두룩한 킴 중의 한 명이랍니다~. 얀은 유머와 재치가 넘치는데다 인상도 좋다.

얀과 제프도 파티마 루트 지도는 없지만, 파티마를 거쳐 산티아고로 간다고 한다. 얀이 갖고 있는 프린트 자료 중에 내가 없는 정보들이 있었다. 얀은 마을에 복사하는 곳이 있을 테니 복사를 해서 가지라고 한다. 복사할 곳이 어디 있는지 소방서 사무실에 가서 물었더니 직접 소방서의 사무동으로 안내해주어 편하게 복사를 했다. 오늘은 감사할 일이 많다. 공짜 잠에, 알찬 정보에, 함께 걸을 친구들까지 만났으니 말이다.

얀과 제프가 영어가 되니 소통도 수월하고 이야기 나누는 기쁨도 배가된다. 이들도 카미노 프랑세스와 비아 델 라 플라타를 걸은 카미노 베테랑들이었다. 은퇴 후 장거리 도보여행의 매력에 흠뻑 빠져 걷고 또 걷는 이들이다. 얀에게서 받은 정보를 보니 곳곳의 봄베이로스에서 공짜 잠을 잘 수 있을 것 같다. 갑자기 만시야 델라 물라스와 벨기에에서의 무시무시했던 벼룩 습격사건이 떠올라 얼른 약국으로 갔다. 벼룩 퇴치용 스프레이는 거금 12유로였지만, 아깝지 않았다.

넓은 대강당에 순례자 네 명이 흩어져 잠을 자는 카미노의 밤. 페레그리노스 안톤! 얀! 제프! 보아 노이치! 안녕히 주무세요! 페레그리나 킴! 보아 노이치!

Day 5

아잠부자 → 산타렝(32km)

Azambuja → Santarém

아슬아슬, 위태위태, 하이웨이에서 살아남기

순례자들은 부지런하다. 아잠부자 소방서 동기 중에 안톤이 제일 먼저 출발했고, 얀과 제프가 준비를 하는 사이 내가 두 번째로 출발했다. 화살표는 아잠부자 기차역으로 인도했다. 아침을 먹으러 역 앞에 열려 있는 바로 들어가니 안톤이 식사 중이었다. "그럼 그렇지. 봉 지아!" 크라상과 커피로 아침을 먹고 안톤과 같이 일어서 나오는데 얀과 제프가 들어선다. 길 위에서 곧 또 만날 것을 알기에 짧게 인사하고 길을 떠났다.

내가 들고 있는 지도에는 이 기차역을 건너가게 표시되어 있는데, 길에 있어야 할 화살표가 사라져 어디로 길을 건너야 하는지 몰라 두리번거렸다. 안톤이 아침 운동을 나온 사람들에게 파티마 가는 길을 물었더니 기차역을 건너가지 말고 곧장 걸어가라는 것이었다. 그래도 의심스러워 내가 다른 행인에게 길을 물었다. 그도 기차선로를 건너는 것이 아니라 기차선로를 오른편으로 두고 따라가다 좌회전하라고 했다. 안톤이 현지인이 가르쳐준 대로 출발하기에 나도 그 뒤를 따라갔다.

그래서 들어선 길은! 차가 끊임없이 달리는 하이웨이였다. 잘못된 길로 들어섰음을 알았지만 일단 들어선 하이웨이는 벗어나기가 힘들었다. 하이웨이를 가로질러 건너갈 수는 없기 때문이다. 무서운 마음에 안톤의 뒤를 허둥지둥 쫓아가지만, 무심한 안톤은 나 살기 바쁘다는 듯 뒤돌아보지도 않고 뺑소니치듯 걸어가 이내 시야에서 사라졌다. 두려움에 뒤를 자주 돌아보며 얀과 제프가 나타나기를 바라건만 두 사람의 모습도 보이지 않았다. 대형차가 지나갈 때마다 그 후폭풍에 몸이 휘청거리는 아찔한 길. 카미노 지도에 따르면 오늘의 목적지 산타렝까지 32km인데 하이웨이에 표시된 산타렝은 22km밖에 안 된다. 약 세 시간 정도 단축할 수 있는 거리다. 빨리 가기 위해 이 길로 들어선 것이 아니건만. 파티마로 가는 순례자들이 왜 형광색 안전조끼를 입는지 그제야 알 것 같았다. 있는 대로 신경을 곤두세우고 안전에 주의하며 적당히 빠져나갈 곳을 찾으며 부지런히 걸었다.

FC포르투 열혈팬 미구엘

두 시간쯤 걸었을까. 발라다Valada란 곳에서 작은 도로로 안전하게 빠질 수 있었다. 차가 거의 다니지 않는 길로 들어서게 되었지만 화살표시는 찾을 수 없었다. 아마도 카미노 루트에서 한참 서쪽으로 난 길을 걷고 있는 듯했다. 어쩔 수 없었다. 북쪽으로 뻗은 길을 따라 산타렝 이정표만 보고 걸었다. 마을을 만나 바에 들러 현 위치를

확인할 수도 있어 걱정도 사라졌다.

길에서 자주 만나리라고 생각했던 얀과 제프는 제대로 걷는 걸까? 도대체 안톤은 어디쯤 가고 있을까? 단체로 온 파티마 순례자들은 어디로 갔을까? 다시 마을을 벗어나 차가 쌩쌩 달리는 도로와 마주치게 되었다. 더 이상 위험을 감수하고 걷기는 싫었다. 근처의 주유소에서 버스를 타고 산타렘으로 갈 수 있는지 물으니, 마침 버스 타는 곳이 주유소 맞은편에 있었다. 식당과 카페가 있는 건물 앞이다. 그늘막도 없는 버스정류소에서, 하이웨이로 잘못 들어서서 위험하게 걸었던 생각에 몸서리치며 혼자 투덜거리며 서성이다가, 으음… 엎어진 김에 쉬어갈까? 카페에 가서 시원한 클라라 한 잔? 그렇지, 카페에서는 버스시간표도 잘 알 것이고. 오케이, 가자 카페로!

식당 겸업인 카페는 점심시간이라 사람이 많았다. 낯선 동양여자가 배낭을 메고 들어서니 식사를 하던 사람들의 시선이 일제히 내게로 쏟아진다. "봉 지아! 봉 지아!" 앗, 점심때니까 '보아 타르드'인가? 그렇게 미소 지으며 자리에 앉았다. 클라라와 진열장에 있는 샌드위치를 주문했다. 그런데 말이 통하지 않자 잠시 기다리라더니 손님을 한 명 데리고 왔다. 영어가 유창한 그의 이름은 미구엘이다. 그의 도움으로 클라라를 마시게 되었다. 어찌나 시원하던지 연거푸 두 잔을 마시고 몸이 무거워져 아예 퍼질러 앉았다. 미구엘은 왜 샌드위치를 주문하냐며 맛있는 다른 음식을 추천해주었다. 메뉴에 대한 이해가 부족한 나로서는 고마운 일이다. 그가 주문한 것은 우리나라 우거지 국 같은 수프와 감자를 깍두기처럼 썰어 튀긴 것 위에 오징어를 살짝 졸여서 올린 요리였다. 디저트도 포르투갈 대표 디저트로

먹어보라고 권유하여, 내친김에 다 먹어보았다. 서울에서 출발할 때 다짐했던 다이어트의 결심이 와르르 무너지는 소리가 들렸다.

미구엘은 자기 나라 포르투갈에 대한 역사를 내게 차근차근 들려주었다. 포르투갈 여행을 준비하며 역사를 읽었기에 대화가 한결 수월했다. 나는 내 나라를 찾은 외국인에게 고조선에서부터 한국전쟁에 이르기까지 그렇게 간략하게 조곤조곤 설명하지는 못할 것 같다. 아무리 학교에서 배웠다고는 해도 어떻게 그리 잘 기억해서 설명하는지 정말 대단하다고 추켜세우니까, 미구엘은 교사 출신인 부모님에게서 아주 어려서부터 거실에서, 식탁에서, 잠자리에서, 틈만 나면 항상 들었기 때문이라고 한다. 학교에서만 배웠다면 자기도 쉽게 잊었을 것이라고. 그는 부모에게서 똑같은 역사 이야기를 여러 번 들었지만 지루한 적이 없었단다. 교수법이 훌륭한 부모님이었나보다.

포르투 태생인 미구엘은 FC포르투의 열성팬으로, 포르투갈 리그에서 4년 연속 우승했다고 자랑이 대단했다. 그는 레스토랑 주인인 호세와 오랜 친구인데, 호세는 리스보아의 SCP스포르팅을 응원한다고. 축구라고는 대한민국 국가대표팀과 박지성이 뛰는 맨유밖에 모르는 나로서는, 축구 얘기가 길어질수록 얘기가 점점 어려워졌다.

우리 대화에 레스토랑 주인장 호세도 끼었다. 미구엘의 통역으로 그는 내게 엄청 섬뜩한 부탁을 했다. 최근에 칼을 수집하는 취미가 생겼는데, 일본 전통 사무라이 칼을 갖고 싶다는 것! 허걱! 끄응, 내가 아는 사람이라곤 일본의 유키밖에 없는데…. 인터넷을 통해 찾는 것이 빠르지 않을까? 그는 내게 명함을 주며 혹시 알게 되면 그 정보를 보내달라고 한다. 명함을 받았지만, 글쎄, 도와주게 될까….

식사를 마치고 나오는데 미구엘이 밥값을 내주며 "좋은 친구를 만난 선물"이라고 한다. 그리고 자신의 차로 산타렝까지 데려다주겠다는 게 아닌가. 자기 아내가 집에 있으면 집으로 초대할 텐데, 사업차 브라질에 갔기 때문에 그러질 못해 아쉽다면서. 그와 아내는 함께 무역업을 하는데, 아내는 속옷 전문이고, 자신은 비행기 기내에서 쓰는 컵, 포크, 담요 따위를 다룬다고. 미구엘의 도움으로 차를 타고 느긋이 산타렝의 순례자 친구들과 약속한 봄베이로스로 갔다. 미구엘은 헤어지면서 FC포르투 손수건을 선물로 주었다. 나도 준비한 부채를 선물로 건넸다. 그는 여행을 마치고 리스보아으로 돌아올 때 꼭 산타렝에 들렀다 가라고 했다. 아내가 일주일 후면 돌아오니 집으로 초대하고 싶다는 것이다. 오늘도 좋은 친구를 만나 대접받고 헤어지는 복을 누렸다.

얀과 제프를 다시 만나다

봄베이로스에 도착해 소방관에게 물으니 그 소방서가 아니라며 다른 소방서를 일러주었다. 차를 타고 온 덕에 느긋하게 다른 소방서를 찾아가는데 멀리서 얀과 제프가 소방서로 들어가는 모습이 보였다. 간밤의 소방서 동기들을 다시 소방서에서 만나다니, 길었던 하루가 즐겁게 마무리되는 것 같아 너무나 반가웠다. 부지런히 그들을 따라 들어가려는데 두 사람이 도로 나오는 게 아닌가. 그 소방서도 어찌된 일인지 재워주지 않는다는 것. 소방서 앞에서 셋이 택시를 타고 유스호스텔로 데려다 달라고 했다.

택시 운전사는 마이애미의 크루즈 회사에서 7년 동안 일했는데, 그

소방소 동기인 얀과 제프를 다시 만났다.

때 친했던 동료 중에 한국인이 있었다면서 나를 반갑게 대해주었다. 그의 도움으로 유스호스텔을 찾아갔지만, 어찌 된 영문인지 그 숙소도 운영이 중단된 상태였다. 거기서 안내해준 펜상 빅토리아를 찾아갔다. 산타렘에 들어서서 보이는 이글레시아와 붙어 있는 산타 카사 데 미제리코디아를 왼쪽으로 끼고 돌다 첫 번째 골목에서 좌회전하여 죽 내려가니 거의 골목 끝에 있었다. 유스호스텔에서 그곳으로 떠날 때 아예 방을 예약하고 갔기에, 또 허탕 칠 염려는 없었다. 침대 셋을 갖춘 도미토리 방, 20유로.

그렇게 얀과 제프와 함께 방을 쓰게 되었는데 제프의 걸음걸이가 어째 불편해 보였다. 아니나 다를까, 큰 물집이 두 개나 빵빵하게 부풀어 있었다. 내가 누구인가? 카미노에서 소문난 물집전문닥터가 아닌가! 제프의 물집을 정성스럽게 치료해주었다. 힘들었지만 오늘의 결과는 유쾌했다. 얀과 제프는 아잠부자에서 고가육교지붕으로 이어져 눈에 쉽게 띄지 않으니 열심히 찾아봐야 한다로 기차선로를 넘어 제대로 된 카미노 루트를 걸었는데 아주 멋졌다고 한다. 에구구구, 조금만 기다렸다 같이 걸었으면 목숨 걸고 하이웨이를 걷는 일은 없었을 텐데…. 하긴, 하이웨이로 들어선 덕분에 미구엘도 만나고, 나름 유쾌하게 보냈잖아. 오늘도 감사한 하루이니, 오 해피데이~ 오 해피데이~!

Day 6

산타렝 → 아르네이루 다스 밀랴리카스(20.5km)

Santarém → Arneiro das Milharicas

포르투갈에는 아줄레주가 있다

오늘의 숙소 주인장 성질이 느긋한지, 아침 서비스도 느릿느릿 꾸물꾸물이다. 형광색 안전조끼를 입은 순례자들이 하나둘 식당으로 들어오는데 펜상 플로라에서 본 그 순례자들이다. 이들 일행은 모두 아홉 명으로 스페인에서 온 사람들이다. 어제 숙소 로비에 잔뜩 쌓여 있던 가방의 정체가 밝혀졌다. 파티마까지 가는 순례자들은 대부분 아주 가벼운 차림이거나 심지어 맨손으로 걷는 경우도 많다. 짐을 다음 목적지로 배달시키거나 차량지원팀이 따로 있기 때문이다. 시끌벅적한 아침식사지만 즐겁다. 산티아고 가는 길은 산타렝에서 파티마를 경유하는 코스와 토마르를 경유하는 코스, 두 길로 나뉜다. 파티마를 지나 코임브라 근처 콘데익시아 노바에서 이 두 길은 다시 하나로 합쳐진다.

토마르로 가는 길은 자세한 루트 지도가 있지만 우리는 그보다 정보가 부족한 파티마 루트로 간다. 얀과 제프가 갖고 온 파티마 루트 지도를 복사해두기도 했지만, 두 사람과 동행하면 어려움이 없을 것이다. 어려움이라면 그들의 롱다리를 따라가느라 좀 부지런히 걸어야 한다는 것이다.

산타렝은 큰 도시다. 숙소를 빠져나와 길을 잃었다. 한 아저씨가 우리에게 길을 가르쳐주었지만 우리가 가려는 방향과 어째 달라 보였다. 어제 너무도 친절한(?) 현지인을 만났던 터라 믿을 수가 없었다. 또 하이웨이로 가는 길일지도 모른다. 얀이 갖고 있는 파티마 루트 지도는 네덜란드어로 된 인터넷 정보로서, 지도로 된 것이 아니라 시시콜콜 말로 설명한 길 안내서다. 예컨대 산타렝을 벗어나는 길의 설명을 보자. 메르카도(시장)와 카마라 문니시펄(시청)에서 출발하는 경우다.

왼쪽으로 벽면이 온통 타일로 장식된 시장과 오른쪽으로는 시청사 사이로 난 길을 따라간다. 길은 내리막이다. 내려가면 론다(원형교차로)가 나온다. 론다에서 직진하면 왼편에 주유소가 있다. 직진해서 걷다 보면 오른쪽으로 붉은 굴뚝이 보인다. 계속 직진하여 걷는다. 왼쪽으로 A1 진입로가 있지만 빠지지 말고 계속 직진한다. N3 표시가 나오면 계속 직진한다. 오른편에 파티마 이정표가 나온다. 마을길을 따라 계속 직진한다. 6A 하이웨이를 가로지르는 다리를 건너게 되면 갈라지는 길에서 왼쪽으로 간다. Azoia, Baixo, Casais 등을 가리키는 화살표가 있고, 파티마 이정표가 눈에 잘 띄도록 표시되어 있다.

다행히 길은 험하지 않았다. 산타렝 도심을 빠져나오기가 어려웠지 거기만 지나면 오히려 길 찾기가 쉽다. 이정표도 눈에 잘 띄었다. 간간이 마을을 지나며 도로를 걸어야 하지만 위험하게 걷는 길은 없었다. 얀과 제프가 카페에 들러 쉬는 것을 좋아하니 더 좋다. 카페에서 간식을 먹으며 화장실도 편하게 보고 쉬엄쉬엄 가는 것, 그게 바로 나의 카미노 리듬 아닌가.

예쁜 것들이 눈길을 끌어 천천히 가게 되는 것일까? 아니면 느긋하게 가니까 그런 예쁜 것들이 눈에 들어오는 것일까? 마을이 나오면 집집마다 벽이나 정원에 파티마의 기적을 표현하는 아줄레주 azuleijo. 포르투갈 전통 채색타일 공예로 장식되어 있거나, 성모와 세 명의 어린 목동들의 조각상으로 장식을 해놓았다. 로마에 모자이크가 있다면, 포르투갈엔 아줄레주가 있었다. 과거 로마는 모자이크로 벽은 물론 바닥까지 장식했다. 로마인들은 모자이크 장인들에게 원하는 그림을 요구하기도 했지만 대개 장인들이 준비해온 여러 그림을 보고 선택해서 집안을 꾸몄다. 로마의 모자이크는 주로 단단한 대리석 조각과 그밖의 다양한 색의 돌, 유약을 칠한 도자기 조각, 조개껍질 등을 써서 만들었지만, 아줄레주는 진흙을 구워 만든 타일이다.

포르투갈은 로마와 이슬람의 지배를 받았다. 이슬람 역시 아줄레주 장식으로 유명했다. 어디서 영향을 받았든 이제 아줄레주는 포르투갈을 대표하는 장식으로 더 유명하다. 포르투갈의 전성기 건물 벽 장식은 구운 타일로 마감을 했고 독특한 장식으로 포인트를 주기도 했다. 지금도 리스보아는 시내 전체가 아줄레주 박물관이나 다름없다. 국립아줄레주박물관, 수도원, 성당 등은 말할 것도 없고 지하철역에서도 아줄레주 작품들을 흔하게 볼 수 있으니 말이다. 아줄레주 그림에 깃든 이야기를 읽으며 감상하는 재미도 쏠쏠하다.

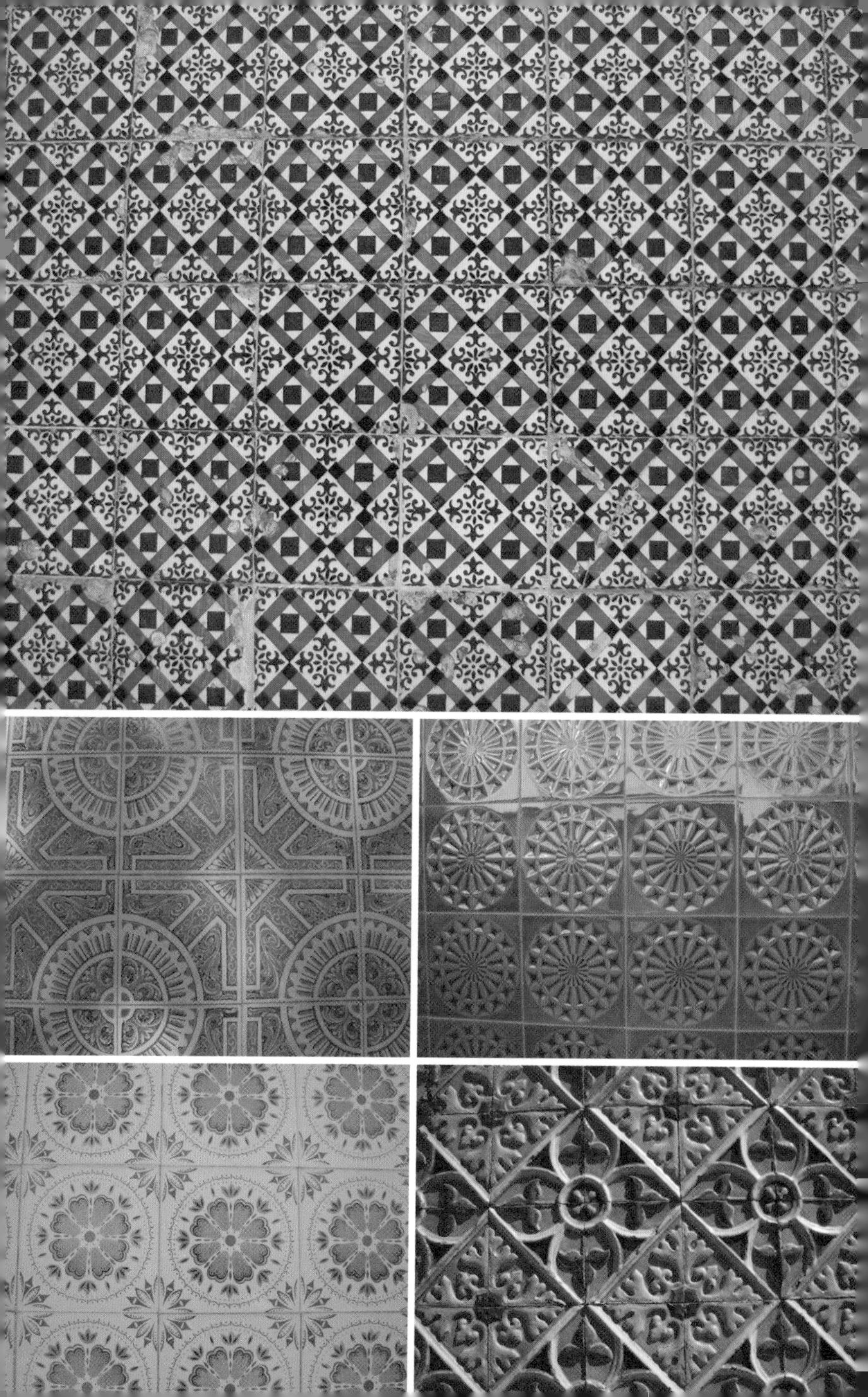

CASAL ANDRADE DE
Nosso Cantinho

Nº 5º

QUANDO SERÁ QUE NÓS TRÊ

S.PEDRO
Portugal

길을 가거나 카페에서 만나는 사람들에게 포르투갈어로 인사를 건넨다. 처음엔 뚱하게 바라보던 사람들도 내가 인사를 건네면 반가운 표정으로 바뀐다. 간단한 포르투갈어 몇 마디를 익히면 그게 사람들을 친절모드로 바꾸어놓는 스위치 역할을 하니 어찌 즐겁지 아니한가. 그러면서 새로운 포르투갈 단어를 익히는 것은 내게 주어지는 덤이고.

제프는 물집 탓에 걸음이 빠르지 않지만 얀은 어찌나 빠른지 청년 걸음이다. 얀이 네 살 위지만, 둘은 어린 시절부터 친구 사이다. 이 두 분의 아내가 6월 1일 산티아고에 도착해 코루냐와 비고 등 인근 도시를 둘러보며 남편들을 기다린다고 한다. 우애 있게 사는 모습이다. 이들의 두 아내는 걷는 것을 싫어해서 동행하지 않았다고. 얀은 은

제프(오른쪽)보다 네 살 많은 얀(왼쪽)은 은퇴 후 꾸준히 걸은 덕에 지병인 당뇨를 고쳤다.

퇴 후 걷기에 빠져 1년에 한 번씩은 꼭 장거리 도보여행을 하고, 네덜란드에서도 매일 걸으면서 일주일에 한 번은 장거리를 걷는다. Stop working, start walking. 즉 일하기를 마치며 걷기를 시작했다는 것. 그 덕분에 오랜 지병이었던 당뇨까지 고쳤다는 얀의 걷기 예찬!

오늘의 숙소는 펜상 '오 프리모 바질리오'다. 모든 게 완비된 부엌과 식당에 수영장까지 갖춰진 깨끗한 숙소다. 집주인은 인근에 있는 자신의 집에서 살고 펜상은 손님만 받는다. 그래서 벨을 눌러도 기척이 없었던 게다. 멍하니 집 앞에 앉아 기다리던 우리를 마을 사람이 보고는 전화로 주인장을 불러주었다. 주인 내외가 찾아와 방으로 들어가니 탁 트인 전망이 대단히 멋지다. 아침 포함에 25유로. 며칠 쉬다 가고 싶은 집이다.

펜상은 이글레시아 바로 옆이다. 이글레시아를 중심으로 카페와 슈퍼가 있어 필요한 것을 사다 부엌에서 뚝딱뚝딱 만들어 먹기 좋았다. 나의 이탈리아 친구 피아가 있었으면(『산티아고 가는 길에서 이슬람을 만나다』 참조) 좋아라 하며 맛난 스파게티와 이탈리아 음식을 만들어 먹자고 했을 텐데…. 그 으리으리한 부엌과 식당을 뒤로 하고 우린 나가서 저녁을 사먹고야 말았으니, 애석하여라….

저녁을 먹으며 얀과 제프는 한국에서는 "Cheers"를 어떻게 하는지 물었다.

"아하, 우린 이렇게 하죠. 제안자가 '지화자!' 하면 모두가 '조오타!' 하죠. 그럼 해볼까요. I say 지화자! You say 조오타! 오케이?"

지화자! 조오타! 지화자 좋아~~~

Day 7

아르네이루 다스 밀랴리카스 → 민데(18.5km)

Arneiro das Milharicas → Minde

기꺼이 돌산을 오르나니

창턱에 앉아 야무지게 재잘대는 새소리에 잠이 깼다. 마땅히 할 일도 없는 새벽인지라, 창밖으로 새가 날아간 쪽만 바라보며 멍하니 침대에 누워 있었다. 저 앞산의 숲을 지나온 바람일까. 숲의 이슬을 머금고 온 듯한 바람이 얼굴을 촉촉하게 매만진다. 난 늘 새벽이 좋다. 비아 델 라 플라타를 따라 올라갈 때 신새벽 하늘에 길잡이로 반짝이는 북두칠성을 따라 걸었었다. 짙은 쪽빛하늘이 차츰차츰 색을 잃어가며 풀어져내리던 새벽, 그 동트는 아침의 깊은 고독을 즐겼었다. 지금 이 순간, 사랑에 흠뻑 빠져 한순간도 떨어지기 싫을 만큼 그런 열정으로 바라볼 수 있는 이가 옆에 있으면 얼마나 좋을까.

앞산을 붉게 물들이며 아침이 오고 있다. 숲을 통과하여 부서지는 아침 햇살이 아름답다. 한낮의 뜨거운 햇살과 달리 동트는 아침 해는 따뜻하고 조용한 빛으로 화사하고 정겹다. 딱히 할 일 없이 창밖만 바라보며 아침을 기다리니 오히려 노곤하다. 오늘 아침식사는 아래층에 준비되어 있을 것이다. 그런 식사 대접을 받을 때면 후줄근한 도보여행자 신세를 잊고 황후라도 된 기분에 젖는다.

"똑똑! 똑똑똑!"

벌써 나의 대신들이 방문을 노크하는구나. 원로대신 얀과 제프께서 황후마마 식사 하시라고 재촉하는 신호다.

식탁 앞에 주인 내외가 서서 깍듯이 우리를 맞았다. 아침 준비를 위해 이른 아침에 건너오신 게다. 간밤에 이 큰 집에 머문 사람은 우리 일행 셋뿐이었나보다. 아침 테이블은 멋지고 세련되게 차려져 있었다. 치즈, 하몽, 과일, 빵, 커피와 홍차, 요거트 등이 차려진 식탁에서 주인 내외의 정성 어린 손길이 물씬 느껴졌다. 열쇠고리와 숙소의 사진이 들어 있는 기념 핀까지 하나씩 올려놓았다. 이런 각별한 정성

멋지고 세련되게 차려놓은 아침식사 대접을 받으니 황후라도 된 것 같다.

사통팔달한 길 위, 바람 부는 언덕에 자리 잡은 풍차 방앗간.

앞에 감동하지 않을 수는 없는 노릇. 나도 한국 전통부채를 선물로 드렸다. 멋지게 그림도 그려서 말이다. 뜻밖의 선물에 반가워하시니 내가 더욱 기쁘다.

오늘의 목적지는 민데의 소방서! 20km도 채 안 되는 짧은 거리다. 길에서 쉬엄쉬엄 놀다 가면 된다. 이 지역 주민들은 파티마 성지에 대한 자긍심이 대단해 그곳을 가리키는 이정표를 군데군데 넉넉하게 세워놓아서 순례자들이 잠시라도 헤매지 않게 해놓았다.

상쾌한 향이 기분을 즐겁게 하는 유칼립투스 숲을 지났다. 유칼립투스 잎을 따서 배낭 주머니에 넣었다. 로즈메리나 라벤더도 따서 배낭에 넣고 다니거나 옷 주머니에 넣고 다녔다. 나만의 아로마 테라피인 셈이다. 그 허브 향기는 내게 카미노의 향기, 길이 선사하는 향기였다. 후줄근하게 늘어졌던 몸도 깊이를 알 수 없이 우울했던 기분도 금세 좋아지게 하는 향기다. 카미노 프랑세스와 비아 델 라 플라타를 걸을 때 알베르게에 머물면 내 배낭에서 풍기는 유칼립투스 향 덕분에 주변 공기가 상쾌해지곤 했다.

얀은 유칼립투스를 책갈피에 끼운다. 집에 돌아가 책을 펼쳤을 때 갈피에서 풍기는 그 숲의 향기를 맡으며 길에서의 추억을 되새긴다는 것이다. 나도 포르투갈 카미노의 향기 한 잎을 책갈피에 고이고이 끼워두었다.

얀과 제프의 걸음은 빠르다. 그에 비해 난 무척 느리고. 그러나 자주 쉬어가기에 이들과 함께 가도 벅차지 않았다. 두 사람

F.
FÁTIMA
F

이 나를 충분히 배려하며 걷고 있는 게 틀림없었다. 나의 복으로 생각하고 늘 감사하게 생각한다. 그럼 그렇지, 내가 사람 보는 눈은 있다니까! 하하하~~~

몽상토의 마을 카페에서 간식과 커피를 즐기고 길을 떠나는데, 한 아주머님이 이정표에서 벗어난 길을 가리키며 차도로 가라고 했다. 차도로 가면 4km 질러간다는 것. 네네, 감사합니다만, 음… 난 그 지름길이 전혀 탐나지 않았다. 이정표를 따라 산길로 가고 싶었다. 얀과 제프는? 당근! 우린 산길을 택했다. 돌산을 올라야 했지만, 돌 틈에 각종 허브가 자라고 이름 모를 야생화가 만발한 길이다. 땡볕의 더위였지만 시원한 바람이 땀을 식혀주었다.

돌은 정말 많았다. 돌로 담을 쌓아 양과 염소를 방목하는 곳을 지나기도 했다. 파티마 쪽을 가리키는 재미난 이정표들이 돌 위에 그려져 있는 이 유쾌한 돌산을 도로로 질러갔다가는 못 볼 뻔했다.

길을 걸으며 우리 같은 순례자를 만나지 못했다. 단체로 걷는 파티마 순례자를 가끔 보지만 이들은 차도를 따라 걷기도 하면서 빠른 코스를 따라갔다. 이런 순례를 하는 사람 중 유난히 정다운 커플을 보았다. 두 사람이 손을 잡고 걷는 것이었다. 어쩌다 한 번쯤 손을 잡고 걷는 건 몰라도, 걷는 내내 잡은 손을 놓지 않다니, 이건 쉬운 일이 아니다. 긴긴 순례길을 둘이 똑같이 보조를 맞추려면 얼마나 답답할까. 어찌 보면 그 모습은 마음 깊이 소중한 소원을 담아내려고 손 맞잡고 드리는 기도 같아서 은근 부러웠다.

민데는 산의 정상에서 절벽처럼 떨어져 펼쳐진 넓은 계곡에 자리 잡은 깨끗한 동네였다. 봄베이로스의 여자소방관이 아주 친절하게 2층

대강당으로 안내했다. 그곳이 숙소였고, 소방서 1층의 한쪽은 카페였다. 온 동네 사람이 거기 모여 있는 것 같았다. 모두들 유순하고 친절해 보이는 그들과 어울려 맥주를 마시며 쉬는데, 한 아저씨가 우리를 위해 맥주를 사서 테이블로 가져오셨다. 바텐더는 땅콩에 감자튀김까지 내주는 친절을 베풀었다. 아저씨가 사준 맥주는 500cc 정도다. 이걸 다 어떻게 마시라고…. 내가 이미 마셔버린 클라라로도 배가 부른데….

배도 부르고 운동 삼아 동네를 어슬렁거리며 돌아다니다 아줄레주 벽이 아름다운 집을 올려다보다 기겁했다. 세 쌍둥이가 들어 있음직하게 배가 나온 아저씨가 발가벗고 서서 돌아다니고 있는 게 아닌가. 방금 샤워를 하고 나왔을 터. "Sorry, sorry, sorry. 내가 내가, 너를 너를, 봤어!" 하지만 좀 멋져야 볼 맛이 나는 것은 남자나 여자나 마찬가지다. 오메, 보는 사람이 다 부끄럽네.

Day 8

민데 → 파티마(18.2km)

Minde → Fátima

넌 참 복이 많구나

민데의 봄베이로스를 떠나 파티마로 가는 길의 파란색 화살표는 오늘도 길목마다 제자리를 지키고서 우리를 안내했다. 오늘 만난 마을 아주머니들도 그 화살표를 따라가려는 우리에게 지름길이라며 자동차도로를 가리켰다. 네네, 고맙습니다만, 빨리 가는 게 우리 목적이 아니므로 우리는 우직하게 파란색 화살표만 따라갔다.

마을을 지날 때 마당 가득 피어난 화려한 꽃들의 진한 향기는 금방 향수를 뿌린 여인이 가까이 스치며 지나는 것 같다. 백합과 칸나, 다양한 색의 나리꽃과 장미꽃 무리, 보랏빛 수국, 그리고 극락조. 서울에서 이 꽃을 사려면 돈 깨나 주어야 한다. 마을을 지날 때면 마당뿐만 아니라 채소밭, 하수구, 폐허 등 곳곳에 꽃이 피어 있었다. 마을을 벗어나 숲길을 걸을 때는 소나무와 유칼립투스 향이 우리를 인도했다. 가끔 개복숭아와 자두가 열려 있어 야금야금 따먹는 재미까지

선사했다.

그런데 눈과 코는 즐거울지 몰라도, 도보여행자의 발을 위한 길은 아니었다. 도대체 돌길은 왜 그리 야무지게 깔려 있는지, 오래 걷기에는 무지하게 피곤한 도로다. 마을길 골목골목마다 돌길 또 돌길…. 숲길 산길 말고는 죄다 돌길인 것 같다. 일본의 시코쿠를 걸을 때 아스팔트나 시멘트로 포장한 한길을 주로 걸었다. 그곳도 숲이나 산길 빼고는 다 포장된 도로다. 포르투갈길 역시 하이웨이나 지방도로 빼고는 마을의 길과 차도가 모두 이런 돌길이다. 큰 돌도 아니었다. 손바닥보다 작은 돌을 촘촘히 심어놓았는데, 차가 지나가는 소리가 어찌나 시끄러운지 경적이 따로 없어도 차가 다가오는 걸 알 정도다. 차바퀴가 오래 못갈 것 같은 생각이 들 정도. 이런 투정을 빼고 나면, 길은 아주 아름답다. 꽃의 화려함이 있고, 그에 버금가는 찬란함을 자랑하는 아줄레주 장식벽의 화사한 이야기가 펼쳐지는 멋진 길.

파티마에 도착하기 전 기스테이라를 지나 '파시오 도 아보' 레스토랑으로 들어갔다. 카페도 같이 한다기에 커피를 마시고 쉬었다 가려고 들렀다. 그런데 시키지도 않은 빵이 함께 나왔다. '커피에 쿠키가 딸려나오듯 빵을 거저 주나 보네?' 그런데 곧 치즈도 나왔다. 우리는 의아스러웠지만, 차려준 것이니 먹고 보자며 그릇을 다 비우고 느긋이 쉰 뒤에 나오는데, 어랏, 커피 값이 무려 9유로나 나왔다. 셋이 먹은 커피와 빵값이다. 황당했지만 제프가 눈 한 번 굴리더니 말없이 냈다.

내 몫을 내려니 제프가 손을 저었다. 걷다가 함께 카페에 갈 때마다 거의 모든 비용을 제프가 계산했다. 얀과 나는 어쩔 수 없이 그의

게스트가 된 기분이다. 내 저녁식사비와 숙소비는 내가 지불하지만, 제프는 그것도 얀의 스폰서로 돈을 다 치렀다.

제프가 이번 여행에서 두 사람의 모든 비용을 부담하겠다고 했다는 것이다. 대단한 제프. 순하고 착한 사람. 어디에서나 누구에게나 젠틀하고 남을 배려하는 마음이 넘치는 사람이다. 사연은 이렇다.

제프가 너무 지치고 우울한 생활을 하며 힘들어하는 걸 보고, 그의 절친한 친구였던 얀이 제프를 도보여행으로 이끌었다. 휴식에는 장거리 도보여행이 최고라며 데리고 다녔다는 것이다. 제프의 아내는 유방암으로 오랫동안 투병 중이고 자녀는 없다. 아내를 위해 헌신적으로 간병을 하는 제프는 늘 쉴 틈이 없었다. 그 바쁜 와중에도 노인요양병동에 가서 자원봉사까지 맡았던 제프. 노인들을 위해 밥을 먹여주고 씻겨주는 일을 하는데 병원에서 인기가 매우 좋다고 한다. 그런 제프를 늘 가까이서 지켜보던 얀이 제프를 설득했다.

"제프, 너 자신을 위한 시간도 필요한 거 아니니?"

그렇게 둘이서 1년에 한 번씩 장거리 도보여행을 함께한 지도 벌써 여러 해다. 제프는 넉넉한 재산을 늘 베풀면서 살아온 사람이었다. 그런 멋진 제프가 나의 점심과 간식을 사주며 간다. 내가 돈을 지불하려고 하면 얼른 나보다 먼저 동작 빠르게 계산하고, 나를 타이르는 눈길로 조용히 바라보며 고개를 끄덕이는 게 전부다.

"감사합니다, 제프! 그리고 나의 사랑하는 엄마와 울 엄마 친구분들께도 감사를!"

어릴 때 엄마와 엄마 친구들이 날 보면 늘 이렇게 말씀하셨다.

"아유, 넌 참 복이 많구나. 앞으로 복을 넘치게 받고 살겠다. 먹는

것도 예쁘네. 그 복도 많이 받으며 살겠네."

그렇게 날 쓰다듬어주시던 어른들. 복이 많다! 앞으로 복을 많이 받겠다! 그 말은 지금까지 내게 큰 힘이 되었다. 나는 곤경에 빠지면 어렸던 날들을 떠올린다. 그럴 때면 늘 누군가 다정한 손길로 내 어린 머리를 쓰다듬으며 "넌 복이 많단다"라고 말씀해주신다. 그 따뜻한 기억은 언제나 한없는 위로가 된다. '그래, 난 복이 많아. 이만하면 복이 많은 거지. 복을 넘치게 받을 거라고 했으니까 어려운 일도 곧 풀릴 거야.'

그러고 보면 난 먹을 복도 많다! 아주 낯선 곳을 여행해도 날 초대해 맛난 식사를 사주거나 만들어주는 이들을 만나는 즐거운 복이 많았다. 그때마다 내게 복을 주셨던 엄마와 엄마 친구분들께 감사를 드렸다. 이번 여행길에 제프와 얀을 만나고 미구엘을 만나 대접 잘 받았을 때도 그랬다. 그래서 난 어린 아이들을 보면 머리를 쓰다듬으며 말한다.

"너 참 예쁘구나. 너는 복이 많구나. 앞으로 복을 더 많이 받게 생겼네."

덕담의 대물림이다. 언젠가 그 아이들이 나처럼 힘들 때 주문 같은 그 말을 떠올리며 격려를 받고 어려움을 쉬이 넘기기를 바라는 마음을 가득 담아서.

파티마 성지에서

드디어 파티마에 도착했다. 교황 바오로 6세 종교회관을 돌아서 들어서자 텅 빈 광장이 펼쳐졌다. 텔레비전에서 보던 인파로 꽉 찬 모습은 온데간데없고, 크고 썰렁한 광장 둘레를 대성당과 긴 회랑, 소성당, 사제관, 높은 십자가상, 그리고 기념관이 둘러싸고 있었다.

설레는 마음으로 광장을 가로질러 대성당 쪽으로 가는데 아저씨 한 분이 땡볕 아래 무릎걸음으로 성모발현의 현장인 소성당으로 가고 있었다. 땀으로 범벅된 얼굴에 두 손을 모으고 묵주를 들고 기도문을 외웠다. 그분의 간절한 소원이 이루어지길 바람과 동시에 해 떨어진 뒤 걸으면 얼마나 좋을까 싶었다.

인포메이션으로 가서 크레덴셜에 도장을 받고 숙소도 안내받았다. 덤으로 순례자에게 주는 샌드위치와 맥주까지 선물 받았다. 누군가 그런 기부를 했나보다. 영어로 안내를 받고 한국어 소책자까지 받았다. 인포메이션 바로 옆이 소성당이다. 어느새 사람들이 제법 몰려 있었다. 이름은 소성당이지만, 파티마 성지의 중심이 되는 건물이다. 성모께서 발현하셨을 때 발을 딛고 서 있던 참나무 자리에 바로 그 유명한 파티마 성모상이 자리 잡고 있다. 맨 처음 이곳에 초막을 지은 이는 근방의 농부였다. 지금은 언제나 순례자들이 볼 수 있도록 성모상이 유리관에 보관되어 항상 개방되고 있다. 이 성모상이 축일과 성모발현일에 맞추어 유리관에서 나와 파티마 성지는 물론 리스보아까지 행진하는 걸 텔레비전으로 보곤 했다. 텅 빈 광장과 달리 소성당은 앉을 자리가 없을 정도로 사람이 많았다. 동양에서 온 버스 관광객이 무리 지어 다니는 걸 보고 제프가 물었다.

"일본? 한국? 중국?"

"틀림없이 한국이야."

망설이지 않고 내 대답이 나왔다.

"그럼 가서 말해. 여기 혼자 열심히 걸어가는 도보순례자도 있다고 알려줘."

제프와 얀이 떠미는 바람에 한국 관광객들에게 갔다. 부산에서 온 단체 관광객들로, 마드리드에 도착해 하루 자고 파티마로 온 분들이다.

파티마의 순례자 숙소는 대성당 뒤편 그리 멀지 않은 곳에 있었다. 산티아고 순례를 마친 이들이 버스로 파티마로 이동해 하루 머물며 둘러보는 경우도 많다. 저녁 무렵 산티아고 순례를 마치고 온 스웨덴 할머니 두 분이 오셨다. 남자와 여자 방이 구분되어 배정되었다. 얀의 방에 묵는 독일에서 온 남자 다섯 명은 버스를 타고 와서 여기서부터 산티아고로 간다는데, 우리와는 루트가 다르다. 이들은 바닷가를 끼고 걷는다는 것. 스웨덴 할머니들은 파티마를 출발해 남쪽으로 걸어서 산타렘까지 갈 것이라고 한다. 지도를 펼쳐 우리가 걸어오며 수집한 정보를 알려드렸다.

내일 파티마를 벗어나 다음 목적지로 빠져나가는 길도 알아둘 겸 우리 셋은 저녁 먹기 전에 산책을 나갔다. 파티마를 빠져나가는 길은 의외로 간단했다. 우리 숙소에서도 매우 가깝고. 이제 내일 일은 내일 생각하면 된다. 제프는 오늘도 물집이 두 개나 새로 생겼다. 하나 치료하면 다른 곳에 또 생겨나는 물집. 우리의 저녁은 매일 제프의 물집 치료로 마무리된다.

2009

uros de coração verão a Deus

파티마 성모 발현

1917년 5월 13일 세 명의 어린이는 현재의 레이리아-파티마 교구인 비야 노바 데 우렘 마을의 코바 다 이리아 들판에서 양을 치고 있었다. 루시아(10세)와 그녀의 사촌 프란치스코(9세)와 히야신타(7세)였다. 정오경 평소의 습관대로 묵주 기도를 마치고, 세 명의 목동은 현재의 대성당이 있는 곳에서 흩어진 돌로 집짓기 놀이를 하고 있었다. 그런데 갑자기 섬광이 비춰서 그들은 번개가 치는 줄 알고 집으로 돌아가려고 했다. 언덕길을 내려갈 때 참나무 위에서—현재 성모발현 소성당이 있는 자리—태양보다 더 눈부신 여인이 하얀 묵주를 걸고 서 있는 모습을 보았다.

여인은 목동들에게 기도를 많이 할 것과 앞으로 5개월 동안 계속해서 매월 13일 같은 시간에 코바 다 이리아로 와줄 것을 부탁했다. 어린 세 목동은 여인이 부탁한 대로 6월 13일, 7월 13일, 9월 13일, 10월 13일에 그곳을 찾았고 여인은 약속대로 나타나셨다. 8월에는 목동들이 여인의 발현에 대해 의심을 품은 비야 노바 데 우렘의 정부 관리에게 끌려가서 갖은 고초를 당했기 때문에 약속을 지키지 못했다. 대신 여인은 8월 10일 알주스트렐에서 500미터 떨어진 발린호스에서 발현하셨다.

마지막 발현은 10월 13일 약 7만 명이 운집한 가운데서 있었다. 여인은 당신이 '매괴의 성모 어머니'라고 말씀하시고 그곳에 성당을 지을 것을 요구하셨다. 성모님 발현 후에는 성모님께서 세 목동에게 7월과 9월에 약속하신 대로 기적이 일어났다. 이른바 '태양의 춤'이라는 기적으로 은쟁반 같은 태양에 마치 바퀴에 불이 붙은 모양

으로 움직였는데 그곳에 모인 사람들은 아무런 장애 없이 태양을 바라볼 수 있었다.

그 후 루시아는 스페인의 성 도로시 수녀원에 있을 때 다시 성모님의 발현을 보았다.(1925년 12월 10일과 1926년 2월 15일에 폰테베드리 수녀원에서, 그리고 1929년 6월 13일과 14일에 투이스 수녀원에서 성모님 발현이 있었다.) 성모님은 매달 첫째 토요일에 성체를 영할 것, 죄인들을 위해 기도하고 묵주기도를 계속하고 묵주기도의 신비를 묵상하며 티 없이 깨끗하시니 마리아의 성심께 대한 신심 고백성사와 영성체 등을 부탁하셨다. 만일 내 부탁을 실행에 옮기면 러시아는 회개할 것이고 평화가 올 것이다. 그렇지 않으면 러시아는 자신의 오류를 세상에 퍼뜨릴 것이며 전쟁을 일으키고 교회를 박해할 것이라고 하셨다. 또한 많은 선인이 순교를 할 것이며 교황님께서 고통을 당하실 것이라 하셨다. 또 여러 나라가 망할 것이니 결국은 티 없이 깨끗한 성모신심이 승리할 것이라고 하셨다. 성모님이 1917년 7월 13일에 발현하셨을 때 전했다는 이 말씀은 '파티마의 비밀'이라고 불린다.

성모님의 발현 1년 전인 1916년 4월에서 10월 사이에 세 목동에게 천사의 발현이 있었다. 카베로에서 두 번 있었고 루시아의 집 뒤의 성원 우물가에서 한 번 있었는데 천사도 목동들에게 기도와 회개를 요구하였다.

1917년 이후 코바 다 이리아에는 세계 각지에서 오는 순례객들의 발길이 끊이지 않았다. 처음에는 매월 13일에 순례객이 많이 왔으나 지금은 1년 내내 순례객들로 붐빈다.

파티마의 세 목동

루시아 발현 목격자의 주역인 루시아는 1907년 3월 22일 파티마 교구 알주스트렐에서 태어났다. 1921년 6월 17일 성 도로시 수녀도원에서 관장하는 빌라 신학교에 입학했다. 후에 루시아는 투이수도원으로 옮겨 '돌로로스의 마리아 루시아'라는 이름을 부여받았다. 1928년 10월 3일에 임시 허원을 하였으며 1924년 10월 3일 종신 허원을 하였다.

1924년 3월 25일에 코임브라의 '성녀 테레사의 칼멜 수도원'에 입소하여 '티 없이 깨끗한 성모신심의 마리아 루시아 수녀'로 개명하였다. 1949년 5월 31일에는 서원

을 하였다. 루시아 수녀는 파티마를 여러 번 방문하였는데 1946년 5월, 1967년 5월 13일, 그리고 1981년에 방문하였고 칼멜 수도원에서 성모님 발현의 성화를 그리는 작업을 돕기 위해 1982년 5월 13일, 1991년 5월 13일 각각 방문했다. 2005년 숨을 거두기 전 2000년 5월에 마지막으로 파티마를 찾았다. 2006년 2월 2일의 유해는 칼멜 수도원을 떠나 파티마 대성당 묘지에 안장되었다.

프란치스코 마르토 프란치스코는 1908년 6월 11일 알주스트렐에서 태어났고 1919년 4월 4일 부모 곁에서 세상을 떠났다. 매우 예민하고 명상적인 소년이었는데 주님을 위로하기 위해 그의 모든 기도와 회개를 바쳤다. 그의 시신은 교구 묘지에 묻혀 있다가 1952년 3월 13일 파티마 대성당으로 옮겨졌다.

히야신타 마르토 1910년 3월 11일 알주스트렐에서 태어났다. 병으로 인한 오랜 고통 끝에 1920년 2월 20일 리스보아의 병원에서 숨을 거두었다. 히야신타는 그녀의 고통을 죄인들의 회개와 세계 평화를 위해 봉헌하였다. 1935년 9월 12일 그녀의 시신은 가족묘지에서 파티마의 묘지로 옮겨와 오빠 프란치스코의 옆에 안치되었다. 1951년 5월 1일에 코바 다 이리아 대성당 서쪽으로 다시 옮겨졌다.

— 한국어판 파티마 소책자에서

파티마는 기적의 성당이라고 부른다. 몸이 아픈 이들은 소원을 빌며 초를 태운다.

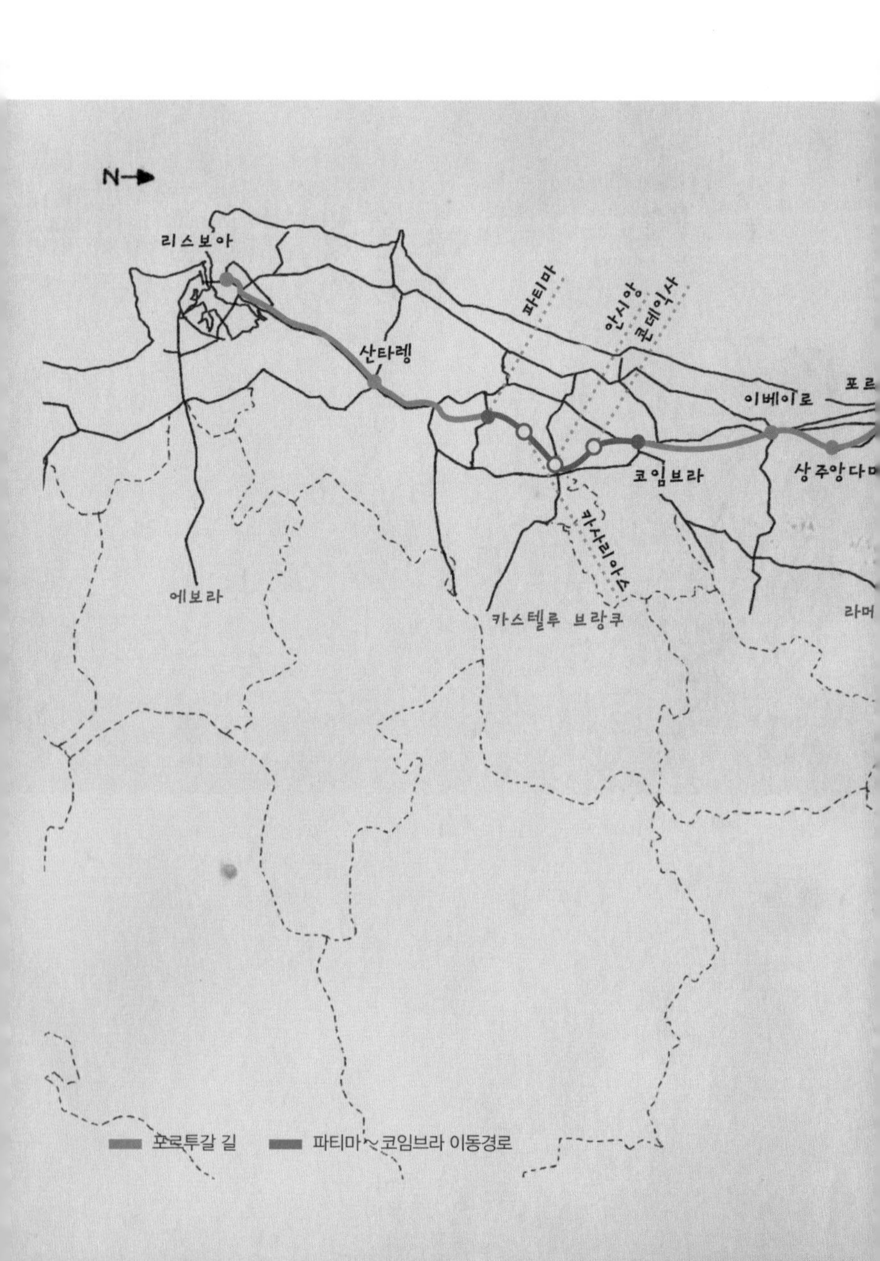
N
리스보아
산타렘
파티마
안시앙
콘데익사
이베이로
포르
코임브라
상주앙다
카사리아스
에보라
카스텔루 브랑쿠
라머
포르투갈 길
파티마~코임브라 이동경로

파티마~코임브라

Day 9~12

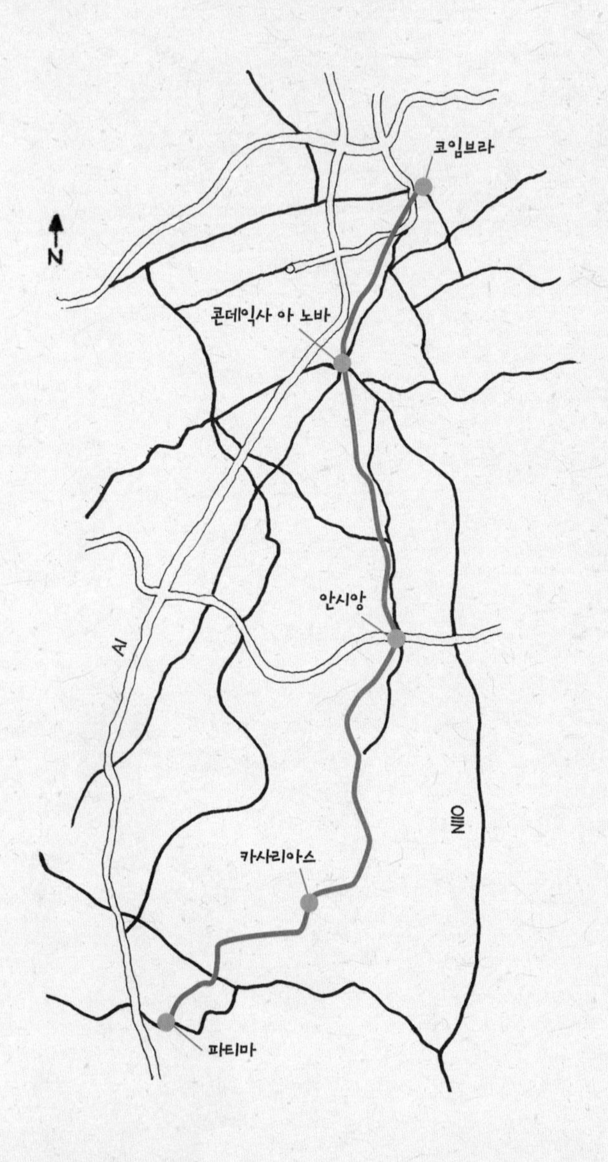

Day 9

파티마 → 카사리아스(19km)

Fátima → Caxarias

아줄레주에서 걸어나온 아주머니

일찍 출발하는 스웨덴 할머니들의 부산한 움직임에 새벽잠을 깼다. 늦게 도착해서 빨래까지 해놓고 이곳저곳에 늘어놓은 것들이 많았기에 새벽 짐 챙기기가 여간 분주한 게 아니다. 난 늘 잠들기 전 아침에 일어나 간단히 씻고 침낭만 챙기면 떠날 수 있게 가방을 정리해 놓는다. 자잘한 소지품을 잃어버리지 않도록 하기 위해서다. 아침에 부산을 떨다보면 꼭 하나씩은 빼먹곤 하니까.

얀과 제프가 묵은 방에 가보니 모두 일어나 배낭을 챙기고 있었다. 우리보다 서쪽으로 난 길을 따라 북으로 간다던 다섯 순례자들은 퐁발로 향했다. 그쪽은 도보여행 정보 얻기가 더 어려운 곳이다. 이탈리아와 독일에서 온 친구들은 마치 새로운 루트를 개척하는 파이오니아 같은 모습이다. 다섯 중 둘이 GPS를 팔에 둘렀다. 독일 순례자들이 GPS를 애용하는 것은 비아 델 라 플라타에서도 보았었다.

첨단장비를 좋아하는 독일 사람답다. 이들은 이번에는 파티마에서 포르투까지만 걷고, 늦가을인 10월 말쯤에 다시 포르투에서 산티아고까지 갈 계획이라고 한다.

파티마에서 다음 목적지로 빠져나가는 출발지점은 대성당 뒤편으로 곧게 뻗은 길을 따라가다 좌회전하여 루아 산타루시아 길을 따라가면 된다. 화살표 표시는 잘 되어 있는데, 색깔이 다른 화살표가 서로 다른 방향으로 나란히 표시되어 있다. 산티아고로 가는 노란색 화살표와 파티마로 가는 파란색 화살표다. 리스보아에서부터 파티마까지는 파티마를 가리키는 파란색 화살표와 산티아고를 가는 노란색 화살표가 같은 방향으로 되어 있었지만, 이제 파티마를 지나고 나니 서로 반대 방향을 가리키게 된 것이다. 이제 이 파란색 화살표들은 산티아고를 출발해 파티마로 걸어오는 이들을 위한 표시가 된다. 전신주에, 길가의 작은 팻말에, 돌 위에, 집 담에, 나무에 화살표시를 곳곳에 해놓았다.

길에서, 밭에서, 과수원에서 어디서든 사람을 만나면 포르투갈어로 먼저 인사를 한다. 봉 지아! 시뇨르~ 시뇨라~ 아테로구! 오브리가다! 프라제르 엥 코네셀라(만나서 반갑습니다). 뚱하게 바라보던 사람들이 내 인사를 받고 웃으며 인사한다. 뒤늦게 "보아 뷔아젱!"이라고 내게 인사한 뒤 내 짧은 포르투갈어 실력으로는 도무지 알아들을 수 없는 유창한 포르투게스로 솰라솰라 말을 걸어오면, 미소로 답한다. "삐케누 인뗀지"(조금만 알아요)라고 덧붙이면 되니까!

오늘도 화사한 꽃길을 따라 걷는다. 얀과 제프는 꽃을 보면 사진을 찍고 자기 집 정원에 심을 거라며 씨도 받아간다. 허물어진 집 담장 위에 걸터앉아 간식을 먹을 때다. 한 아주머니가 자기 키만 한 삼지창의 쇠스랑을 어깨에 메고 터덜터덜 내려오는데 그 모습이 대장부 같다. 바다에서 올라왔음 포세이돈이었을 것이다.

"어디서들 오셨어? 알레마냐?"

노란색 화살표는 산티아고로 가는 표시고 파란색 화살표는 파티마로 가는 표시다.

위 대장부의 분위기를 물씬 풍기던 아일랜드 출신 농부 아주머니. 유쾌한 기운을 팍팍 넣어주셨다.

아래 아주머니를 꼭 닮은 아줄레주.

"홀란다에서 왔어요."

"그럼 댁은? 자퐁이유?"

"코레아인데요"

"더운데 애쓰고 걷는구려. 난 어려서 아일랜드에서 아버지를 따라 여기로 이민 왔는데 이렇게 벗어나지 못하고 계속 여기 살아요. 식사를 여기서 한 거유? 물은 더 필요없수? 우리 집이 가까우니 물을 채워가도 되는데?"

큰형님이 아우들에게 얘기하듯, 아주머니는 작고 통통한 체구지만 카리스마 있게 우리를 대했다. 아주머니는 힘과 유쾌한 기운을 우리에게 나누어주며 길을 함께 걸었다. 좀더 걸어도 좋았을 텐데, 아주머니 집은 정말 멀지 않았다. 헤어짐이 서운했다.

오늘도 도로 안내 표지판과 마을 안내판 등 다양한 아줄레주 장식을 감상하며 걷는데, 앞서 걷던 제프가 어느 아줄레주를 보고 감탄하며 나를 불렀다. 우하하핫! 방금 헤어진 아주머니를 쏙 빼닮은 여인이 그 아줄레주 안에서 열심히 밭을 갈고 있었다!

카사리아스의 오징어 구이

아스팔트를 따라 도로를 걷지만 다니는 차가 거의 없었고 주변은 아름다웠다. 바에서 아이스크림을 먹으며 쉬다 보니 그곳이 우리의 목적지 카사리아스의 외곽이다. 20km도 안 되는 거리라 설렁설렁 왔는데도 금세 도착한 것이다.

카사리아스 마을 중심은 기차역 근처다. 역 앞에 있는 카페는 레지덴시알을 겸하고 있었다. 이곳에서 파티마에서 출발했다는 프랑스

커플을 만났다. 휴가 중인 이들은 포르투까지 가는데, 걷기도 하고 차를 얻어 타기도 할 예정이라고. 새로운 동행이 생겨 반가웠다. 오늘이 벌써 아흐레째인데 지금까지 거의 우리 셋만 걸었기 때문이다. 물론 우리끼리도 충분히 재밌게 길을 걷긴 했지만.

우리 숙소에 딸린 카페의 오징어구이가 정말 별미였다. 'Lula with Migas'라는 요리인데, 오징어구이와 야채볶음이 나왔다. 오징어의 머리 부분을 살짝 드러내 내장을 빼고 다리는 떼어내지 않았다. 이 통오징어를 숯불에 굽고, 감자 · 시금치 · 콩 같은 야채를 데쳐서 볶아내왔다. 한 접시를 가득 채운 야채와 통오징어의 맛은 별 다섯을 줘도 모자랄 정도다!

Day 10

카사리아스 → 안시앙(29.5km)

Caxarias ⟶ Ansião

진짜 부러운 부부는 따로 있다

아침 저녁으로 얀은 나를 불러 지도를 펴놓고 상의를 한다. 이 시간을 얀은 '보스 미팅'이라 하며 재밌어 했다. 오늘 출발 포인트는 어제 거쳐서 들어온 교회 앞으로 다시 나가 시작된다. 처음 걷기 시작하는 프랑스 커플은 늦게 출발하려는지 아직 일어나지도 않았다.

사르코지 프랑스 대통령은 정말 대단한 사람이다. 그는 대통령 재임 중에 이혼을 했고, 기다렸다는 듯이 이혼한 지 3개월 만에, 그러니까 잉크가 마르기도 전에 세 번째 결혼을 했다. 그게 2008년 2월의 일이다. 새 영부인은 온갖 염문을 뿌리고 다니는 이탈리아 모델 출신 가수다. 사르코지도 20세가 넘은 아들을 포함해 세 명의 자녀가 있고 새 영부인 브루니도 어린 아들이 있다. 해외 뉴스를 통해 이들의 애정행보를 들으며 프랑스는 정말 자유로운 나라란 생각이 제일 먼저 들었다.

프랑스 국기 색깔의 의미가 '자유, 평등, 박애'라고 하는데 개인적으로는 거기에 '책임'을 뜻하는 의미도 담겨 있으면 좋겠단 생각을 했었다. 이들은 결혼하고도 끊임없이 구설수에 오른다. 새 영부인의 거침없는 행동 때문이다. 파파라치가 끈덕지게 따라다닌다. 오직 새 영부인의 별난 행동을 스케치하기 위해서다. 이탈리아 출신이란 것도 프랑스 국민에겐 못마땅한 판에 그 행동거지가 사사건건 눈에 거슬리니 쳐다보는 시선이 고울 리가 없다. 자유분방한 브루니의 남성 편력 또한 화려하여 유명한 믹 재거, 에릭 클랩튼, 케빈 코스트너, 도널드 트럼프 등과 염문을 뿌렸다. 그녀는 인터뷰 때마다 "나는 남자 조련사다" "일부일처제는 나를 따분하게 한다. 나는 그보다는 일부다처, 일처다부제를 더 선호한다"라는 파격 발언을 서슴지 않는 그녀를 어찌 영부인으로 우아하게 받아들인단 말인가.

그러니 연애에만 빠져 있다는 비판을 받으면서 사르코지 대통령의 지지율은 크게 떨어졌다. 사르코지와 연애에 빠지기 전 브루니는 인터뷰에서 그의 정치적 적수인 세골렌 루아얄을 지지한다고 했었다. 그런데 그녀를 바꾼 것은 위대한 사랑의 힘이었나, 아니면 영부인의 자리였나? 그녀의 모델 활동 시절의 누드 사진값이 영부인 되고 무려 30배나 뛰었다고 한다.

오늘 우리 대화의 토픽이 바로 이 영부인이시다. 텔레비전에서 사르코지 대통령 내외가 나오자 얀이 갑자기 "섹시~"라고 하며 사진 찍는 포즈를 잡았다. 바로 이 영부인께서 공식행사에 참석하시어 사진기자들의 플래시 세례를 받을 때 "섹시~"라고 말하며 포즈를 잡았다는 것이다. 이것이 방송을 탔나보다. 브루니는 알까? 포르투갈의 작은 시골 마을에서 만난 어느 네덜란드 아저씨가 그녀의 흉내를 내는 걸 여행자들이 들으며 키득거리고 있다는걸.

프랑스 커플이 우리가 묵는 안시앙의 숙소로 늦게 와서 같이 식사를 하며 이야기를 나눴다. 두 사람은 연인 사이로, 여자는 사르코지 정부의 경제부서에서 세금 관련 일을 한다고 했다. 그녀는 사르코지가 후보 시절 선거운동할 때부터 그를 도운 팀원 중 한 사람이었다

결혼 45주년을 기념해 45일 동안 쉬며, 놀며 자전거를 타고 리스보아에서
산티아고로 가는 아일랜드 부부와 제프 그리고 얀.

는데, 이젠 브루니가 설치는 꼴이 보기 싫어 사르코지와 일하는 게 불만스럽다는 것이다.

사르코지 대통령 내외를 보너스 요리 삼아 프랑스 커플과 함께 저녁을 먹는 내내 옆 테이블의 시선이 자꾸 느껴졌다. 떠들썩하고 즐겁고 다정한 우리 테이블에 질투가 났나? 한 커플이 조용하게 음식을 먹으며 우리를 계속 바라보았다. 말도 거의 하지 않기에 포르투갈 사람들인 줄 알았다.

식사를 마치고 나오려는데, 이들이 우리의 대화를 재밌게 들었다고 말을 걸었다. 이런, 이런! 북아일랜드에서 온 두 사람은 포르투갈의 리스보아에서부터 산티아고까지 45일 일정으로 자전거로 여행을 하는데, 결혼 45주년을 기념하기 위한 이벤트라는 것이다. 우와, 스물에 결혼했다 해도 벌써 예순다섯은 넘었을 텐데? 대단도 하셔라. 흐미, 사르코지 부부는 하나도 안 부럽다만, 이처럼 넋 놓고 부러워해야 할 진짜 부부들이 길 위에는 또 얼마나 많은지!

Day 11

안시앙 → 콘데익사 아 노바(28km)

Ansião → Condeixa a Nova

걱정하지 마, 다 잘될 거야

안시앙의 출발점인 노란색 화살표는 센트로의 교회와 시청사에서부터 시작해 찾기가 아주 쉬웠다. 어제 안시앙을 둘러보며 미리 화살표를 눈여겨 봐두었던 터라 쉽게 도시를 빠져나갔다. 다리를 건너 마을을 뒤로하고 기찻길을 지나 언덕을 오르니 소나무 숲길로 이어졌다.

숲 속의 소나무에서 송진 받기가 한창이었다. 우리나라에서 고로쇠 물을 받듯이, 나무마다 보굿을 벗기고 홈을 파서 송진을 흘러내리게 해 아래쪽에 있는 플라스틱 통에 모으고 있었다. 통에 담긴 송진은 되직하게 밀가루 풀을 끓여놓은 것 같았다. 송진 받는 모습을

봄에는 송진 받기가 한창이었다.

처음 보는 내가 신기해 하니까, 정원 손질이 취미인 제프가 설명을 곁들여주었다. 즉 송진은 봄에 받는 것이고, 가을에는 나무가 겨울을 준비할 수 있도록 송진을 받지 않는다는 것.

오늘 코스는 아름다운 숲길이 많았다. 얀과 제프가 발길을 자주 멈추니 아름다운 야생화를 카메라에 담기 좋아 나는 너무 즐거웠다. 마을을 알리는 이정표는 보기 힘들었지만 노란색 화살표가 잘 되어 있어 길을 잃지 않고 가다 알보르쥐 마을 안에서 길을 잃고 말았다. 도로공사 때문에 화살표가 어디로 갔는지 보이지 않았고, 마을사람들도 눈에 띄지 않았다. 이리저리 마을을 빠져나가는 길을 찾다 교회에 이르렀다. 문이 열려 있는 교회로 들어가니 꽃으로 장식한 작은 교회 안에 할머니 몇 분이 앉아 계셨다. 길을 여쭐 상황은 아닌 것 같아 밖으로 나와 이리저리 헤매고 있었다.

그때였다. 교회 골목의 스피커에서 노래가 나오자 사람들이 걸어 나왔다. 십자가를 높이 든 세 남자가 앞장서서 가고 그 뒤를 붉은빛 긴 조끼를 입은 남자들이 나무지팡이를 짚으며 따라갔다. 행렬 한복판에 있는 신부님은 예복을 입고 걸었고 그 뒤로 여인들이 노래를 부르며 따라갔다. 화려한 행사는 아니나 마을 사람 모두가 모인 듯했다. 이들을 따라 중학생 정도의 한 남자 아이가 자전거를 타고 행렬을 따라왔다. 그 아이는 서툰 영어로 마을 교회의 기념행사를 맞아 주민 모두가 마을을 도는 것이라고 우리에게 정성껏 설명해주었다. 아이는 마을을 빠져나가는 길도 자세히 일러주었다.

마을을 벗어나려는데 한 무리의 소년소녀들이 자전거를 타고 내려왔다. 길을 알려준 아이의 친구들이다. 축일을 맞아 학교를 쉬니까

아름다운 숲길이 많아 자연의 아름다움을 마음껏 음미했다.

마을 교회의 기념행사를 맞아 등교하지 않는 학생들끼리 자전거 하이킹에 나섰다.

친구들끼리 자전거 하이킹에 나선 것이다. 예쁜 녀석들! 나그네 즐거우라고 자전거 묘기를 부리며 내빼는 모습이 어찌나 귀여운지.

오늘의 코스는 도보여행자의 낙원이라고 불러도 좋을 만큼 멋진 길이다. 우리는 자주 쉬며 자연의 아름다움을 맘껏 음미했다. 마을의 카페에 들러 커피와 아이스크림도 사먹으며 실컷 여유롭게 즐기며 가는데….

'우와, 이거 정말 행복하네. 이렇게 느긋하게 즐겨도 되는 거야? 이럴 때 가족들에게 전화를 해야지.'

여행지에서 즐거워지면 나는 그 즐거움을 전화에 실어 내 사랑하는 이들에게 전하곤 한다. 그대들이여, 안심하시라. 난 이렇게 마냥 즐겁고 신나게 잘 걷고 있으니~! 바비 맥퍼린의 '돈 워리, 비 해피' 노래가 절로 나온다. 우우우 돈 워리~ 비 해피~ 우리 모두 살다보면 역경을 겪지. 하지만 걱정을 한다면 역경만 두 배로 늘어. 걱정하지 마, 잘될 거야. 누워 잘 곳이 없어도, 누가 네 잠자리를 뺏앗아가도. 걱정하지 마, 잘될 거야. 우우우, 난 걱정 안 해!

포도밭의 벤츠

포도밭을 지나는데 은빛 벤츠가 앞에서 달려오더니 포도밭 가장자리에서 멈추었다. 그리곤 작업복을 입은 농부가 차에서 내렸다. 그는 포도밭으로 들어가 이리저리 돌아다니며 밭을 살폈다. 은빛 반짝이는 고급 세단 벤츠를 타고 과수밭을 살피러 오는 농부, 이 얼마나 부러운 일인가. 화려한 시절을 보낸 뒤 기운도 돈도 다 떨어진 늙은 노부인이 웅크려 앉아 있는 모습 같던 리스보아의 구도심이 생각났다. 그곳을 지나온 뒤인지라 벤츠를 타는 시골 농부의 모습이 더 놀라울 수밖에!

폰테 코베르타를 지나서 몇 집 안 되는 작은 마을을 통과하는데, 담벼락에 산티아고 가는 길을 알리는 아줄레주가 재밌게 모자이크되어 있었다. 산티아고를 가는 순례자에게 말없이 아줄레주로 친절하게 안내를 해주는 그 그림에, 오브리가다! 오브리가다! 즐겁게 감사의 인사를 하며, 찰칵, 찰칵, 사진을 찍으며 지나갔다.

이상한 도로표지판이 나타났다. '산티아고 콤포스텔라' 방면이라고 적어놓은 표지판에 하얀색 화살표와 노란색 화살표가 반대 방향으로 그려져 있었다. 그 표지판 기둥에도 노란색 화살표가 있다. 안

산티아고 콤포스텔라 방향 표지판에 하얀색 화살표와 노란색 화살표가 반대 방향으로 표시되어 있어 혼란스러웠다.

은 자신이 얻은 정보에 따르면 노란색 화살표를 따라가야 한다고 했다. 물론 도로표시판을 따라가도 되겠지만, 그러면 십중팔구 차와 뒤섞여 걸어야 할 터. 우린 노란색 화살표를 따라갔다.

길은 과수원을 통과해서 이어졌다. 옆으로 개천을 따라가지만 비가 오지 않은 탓인지 물이 말라 있었다. 산자락을 따라 걷는 아름다운 길이 이어졌다. 산기슭에 부서져내린 돌을 살피다 재밌는 점을 발견했다. 포르투갈 길에 깔려 있는 돌조각이 바로 이 돌이 아닐까 싶다. 돌이 마치 기계로 잘라놓은 듯 사각형으로 두껍게 쪼개져 있었다. 이 돌들은 길이만 적당히 맞춰 도로에 펼쳐놓고 나무망치로 깊게 두드려 박으면 될 것 같다.

브르타뉴의 걷기 고수들

코임브라의 유적지 앞을 지났다. 이베리아 반도에서 가장 큰 도시유적지라는 곳이다. 켈트족이 지배하던 시절부터 로마제국 시절에 이르기까지 리스보아과 브라가를 잇는 교통요충지였는데 고트족의 침입으로 멸망한 도시다. 로마 도시 유적지의 트레이드마크인 모자이크 바닥이 먼저 눈에 띄었다. 내 발길을 떼놓을 수 없게 만든 것은 콘데익사의 특산품인 도자기다. 박물관에 소장된 오래된 그림 접시와 물병을 복사한 것으로 꽃, 새, 사슴, 토끼 등의 문양이 예뻤다. 이슬람 지배를 받은 스페인의 영향이 물씬 풍기는 것도 있고, 동양적 취향의 청색이 주조를 이룬 접시와 물병, 프랑스의 영향이 느껴지는 사랑스런 로코코풍도 있다. 하지만 그 모든 스타일을 한데 엮어 이젠 코임브라 특산품으로 포르투갈의 대표 기념품이 되었다. 사고 싶은 물병과 그림 접시가 있었지만, 갈 길 먼 도보여행자에게는 언감생심. 아쉬운 마음을 달래며 돌아섰다.

콘데익사의 봄베이로스에서 순례자를 재워준다는 정보에 따라 그곳으로 갔지만 한마디로 거절당하고 레지덴시알로 갔다. 그곳에서 만난 프랑스 커플은 프랑스 서쪽 해변에 있는 브르타뉴 사람들이다. 『쟌 모리스의 50년간의 유럽여행』에서 '켈트족 소수민족 중 가장 뚜렷하게 자기들만의 모습을 간직하고 살아가는 사람들'의 땅이라고 평가했던 곳이 바로 그들의 고향 브르타뉴다. 그 독특한 풍속과 유전적 기질이 프랑스인과는 확연히 구별된다는 것이다. 이 두 사람은 비아 델 라 플라타를 걸어서 산티아고에 도착해 며칠 쉰 뒤 포르투갈 길을 거꾸로 걸어서 파티마로 가는 중이다.

이 커플은 1년에 한 번씩 장거리 도보여행을 하는 진정한 걷기의 달인들이다. 옷가지도 입은 옷 말고 딱 한 벌만 챙겨와서, 가방 무게도 5kg에 불과하다. 이들이 가장 길게 한 도보여행은 브르타뉴에서 이탈리아의 아시시까지 2,300km를 걸은 2003년의 여행이었고, 2001년에는 브르타뉴에서 생장까지 1,900km를 걸었다. 이듬해에는 생장에서 산티아고, 피니스테레까지 900km를 더 걸었다. 걷기 달인인데다 프랑스어에도 능통한 얀은 이들과 식사를 하며 많은 얘기를 나눴다.

쟌 모리스는 "브르타뉴에는 유서 깊고 성스러우며 맑게 갠 하늘처럼 고요하고 평화스러운 켈트 문화의 울림이 아직도 틀림없이 남아 있다"고 했다. 앞으로 콘데익사의 밤을 떠올리게 되면, 장거리 도보여행의 고수인 브르타뉴 커플이 기억날 것이고, 주름진 얼굴 가득 평화스러운 웃음을 환히 머금던 이 켈트의 후손을 그리워하리라.

Day 12

콘데익사 아 노바 → 코임브라(17.8km)

Condeixă a Nova → Coimbra

우리는 환상의 도보팀

오늘은 몸이 천근만근 무겁다. 그러니 걸음도 무겁다. 아침식사 후 숙소를 나와 브르타뉴 커플은 남쪽으로 파티마를 향해 떠나고 우린 북쪽 코임브라로 갔다. 난 얀과 제프보다 한참 뒤에서 걷는다. 두 사람은 길을 가다 내가 보이지 않으면 나를 기다리다 함께 휴식을 취하고 다시 걷는다.

할머니 한 분이 큰 플라스틱 상자 두 개를 이고 걷는 모습을 카메라에 담으며 제프가 나를 기다렸다. 제프가 길에서 주운 대나무 지팡이가 가볍고 좋다며 내게 내밀었다. 지팡이 끝을 멋지게 장식해서 길에서 주운 것 같지 않았다. 제프는 길을 가며 눈에 띄는 걸 주워 요리조리 살핀 뒤 지팡이에 장식을 하거나 버렸다. 아기자기 길을 즐기는 법을 아는 제프를 보면, 같은 길을 가도 자기 길은 오로지 자기 혼자 만들어가는 것임을 깨닫는다. 길을 걸으며 동행이 많아도 긍정적인 사람은 재밌는 여행을 하지만, 매사 불평이 많은 사람은 도보여행자가 되지 못할 것이다. 얀과 제프 그리고 나는 다행히 모두 매우 긍정적이다. 팀워크가 딱딱 맞는 친구들이다.

얀은 나의 몸놀림이 무겁다는 걸 눈치 채고 쉬엄쉬엄 가자며 더 자주 쉬어주었다. 산타 클라라에서다. 두 사람이 배터리를 사러 간 사이 시원한 길바닥에 배낭을 의지해 누워 있는데, 지나가던 차가 끽~ 하고 서더니 운전자가 차에서 내렸다. 멋진 여자였다. 그녀는 내게로 황급히 뛰어와 내가 어딜 다쳤는지, 몸이 아픈지를 물어보는 게 아닌가. 세상에나, 놀라 달려온 그녀에게 미안했지만, 예쁜 여자가 맘씨마저 어여쁘니 감동의 물결이 쓰나미처럼 밀려왔다. 감동만 일어난 게 아니었다. 기운도 불끈 솟았다. 그녀는 내게 좋은 여행을 하라고 축복한 뒤 차를 몰고 사라졌다.

드디어 강폭이 넓고 수량도 풍부한 몬데구 강을 건넜다. 산타클라라 다리를 건너면 곧바로 코임브라다. 다리 건너 포르타젱 광장에 이르면, 왼편으로 기차역과 호텔, 펜상이 몰려 있다. 우린 광장에서 가까운 레지덴시알로 들어갔다. 위치도 좋은데 생각보다 싸고 깨끗했다. **셋이 한 방을 썼는데, 일 인당 15유로다** 얀이 주인에게 신발 고치는 곳을 물어, 뒤꿈치가 뜯어진 그의 등산화와 끈이 끊어진 나의 보조가방을 고치기로 했다. 수선하는 곳은 이층 건물 안에 있어서, 마을 사람이 일러주지 않으면 찾기 어려웠다. 수선집은 상당히 큰 곳으로 수선한

코임브라가 바라보이는 언덕.

구두와 가방이 빼곡히 쌓여 있었다. 통하지 않는 말로 신경 쓸 필요도 없이 주인은 등산화와 가방을 보더니 갖고 들어가 이내 수선해왔다. 값은 각각 1.5유로로 가방이 싫증나서 버릴 때까지 다시 끊어질 일은 없게끔 단단히 박아놓았다.

도보여행자의 든든한 장비인 신발과 가방을 고쳤으니 이제 느긋하게 코임브라를 즐길 차례다. 포르타젱 광장에서 시청사와 산타크루즈 수도원에 이르는 중심도로에 상점가가 밀집해 있다. 일본 노인 두 분이 그 길가에 앉아서, 한 분은 도심거리를 스케치하고 한 분은 수채화 물감으로 색을 칠하고 있었다. 일본여행을 하며 일본의 노인들이 대절한 버스를 타고 와 숲 속에 앉아 그림 그리는 것을 본 적이 있다. 그림 동호인들이라고 하셨는데 부러웠다. 노년에 자신만의 취미를 갖고 친구들과 함께 시간을 보내는 것은 행복한 일이 아닐 수 없다. 게다가 그림 그리기는 요즘 유행하는 '우뇌 훈련법'의 대표적인 방법이 아닌가. 오래도록 무병장수하며 만복을 누릴 것임에 틀림없는 분들이다.

코임브라는 대학도시, 젊은이들의 도시이기도 하다. 볼거리도 구대학 중심으로 모여 있었다. 1290년 디니스 왕은 리스보아에 창설한 대학에서 학생운동이 활발히 일어나자—세상에, 세상에나! 예나 지금이나 학생들은 역시 뜨거운 가슴의 소유자들인가보다—이를 폐쇄시켰다. 대학은 1308년 코임브라로 이전해왔다 다시 리스보아로 돌아가는 등 많은 변화를 겪었지만, 1537년에 이르러 코임브라에 정착하여 볼로냐대학, 파리대학 등과 함께 유서 깊은 유럽의 한 대학으로 성장하였다.

몬데구 강 위에 놓인 산타 클라라 다리를 건너서면 포르타젱 광장(Largo da portagem)이다.
코임브라의 관문을 지키는 듯 서 있는 동상은 포르투갈의 입헌군주제 동안 세 번이나 수상을 지낸
조아킴 안토니우 드 아기아르(Joaquim António de Aguiar)다.

페드루와 이네스의 슬픈 사랑

1096년 프랑스 귀족인 앙리 데 브르고뉴가 카스티야 공주인 테레사와 결혼하여 도루Douro강 일대의 포르투칼리아지금의 포르투를 거점으로 삼고 자신을 포르투칼리아 백작이라고 했다. 백작이 죽은 후 영지를 둘러싸고 카스티야 왕국이 추대한 테레사와 영지 내의 귀족들이 세운 포르투칼리아에서 태어난 아들 엔리케스 사이에 전쟁이 일어난다. 그러니까 모자지간의 혈육상쟁이었다. 이 전쟁에서 엔리케스가 승리하여 1143년 카스티야는 포르투갈 지배를 포기하게 된다. 이로써 독립 포르투갈의 초대 왕이 된 엔리케스는 임기 중 국토를 두 배로 늘렸고, 1249년 아폰수 3세 시절에 포르투갈은 무어인의 마지막 요새 파루를 함락하고 포르투갈의 레콩키스타(국토회복운동)를 완료한다. 1297년 디니스 왕 시절에 이르면 현재의 국경을 확정하게 된다.

디니스의 아들 아폰수 4세는 1340년 모로코의 술탄이 스페인을 침략하자 카스티야의 알폰소 11세와 연합하여 타리파 근처 살라도Salado강 전투에서 승리했고, 그의 아들 페드루는 아버지의 명에 따라 카스티야의 콘스탄샤 공주와 정략결혼을 한다. 하지만 페드루는 아내의 시녀인 갈리시아 여인 이네스를 사랑하게 되고 만다. 왕의 분노로 두 사람은 헤어졌지만, 콘스탄샤가 죽자 페드루는 몬데구 강 건너 산타 클라라에서 이네스와 살며 자녀를 세 명 낳았다. 그러나 카스티야 왕국의 압력을 받은 왕과 가신들은 콘스탄샤의 자녀와 이네스의 자녀들 사이에서 벌어질 왕권 다툼을 염려하여 1355년 1월 7일 이네스를 살해하였다. 페드루는 격분했지만, 아버지 왕의 권위에 조용히 침묵하며 때를 기다리다, 왕위를 물려받아 페드루 1세가 된다. 그는 즉위하자마자 이네스의 살해와 관련된 사람을 모두 산 채로 잡아 직접 심장을 도려내어 처형했다. 이로 인해 페드루 1세는 '잔혹대왕'이란 별명을 얻었다.

복수를 끝내고 페드루는 이네스를 정식 아내로 맞아들이기 위한 절차를 밟는다. 교황의 승인에 따라 교회에서 대관식을 치러야 한다는 법에 따라 산타 클라라에 잠든 이네스의 유골에 베일과 왕관을 씌우고 자신은 검은 옷을 입고 예식을 올렸다. 포르투갈 법에 따라 귀족과 신하들은 죽은 이네스의 뼈만 남은 손등에 충성을 나타내는 키스를 해야 했다. 페드루는 그녀와 함께 마주보고 묻히길 원해 이네스의 관 옆에 자신의 관도 마련해놓고 재혼하지 않은 채 살다, 복수가 끝난 7년 후 이네스의 옆으로 갔다. 슬프고도 끔찍한 복수로 끝난 이 두 사람의 사랑 얘기는 지금도 알쿠바사의 산타 마리아 수도원으로 관광객을 몰리게 한다. 거기 두 연인의 유해가 안치되어 있는 것이다. 페드루 1세가 죽은 후 전 왕비의 자식이 왕위를 물려받아 페르난도 1세가 된다. 그 뒤 왕위에 오른 주앙 1세가 이네스의 자녀라고 하니, 청출어람이라, 페드루의 아버지와 가신들은 후손들을 못 믿어도 너무 못 믿은 게 아닌가. 코임브라에서 이네스가 죽임을 당한 곳은 연인들의 분수Fonte dos Amores로 불리지만 실은 끔찍한 복수의 시작점이다.

코임브라의 수호성인 왕비 이사벨

코임브라에는 산타 클라라 다리, 산타 클라라 수도원 등이 있고, 마을 이름에도 산타 클라라가 많이 들어간다. 이 클라라는 이탈리아의 아시시 태생 귀족으로 '가난한 클라라 수녀회'의 창설자이고 클라

P

라 수도원의 대수녀원장이었으며, 1255년 성인으로 추대받아 산타 클라라로 불리는 여인이다. 우리가 잘 아는 마더 테레사 수녀도 가난한 클라라 수녀회의 수녀였다. 이 산타 클라라와 코임브라의 수호성인은 어쩌면 닮은꼴의 삶을 살았던 사람들이다.

디니스 왕의 왕비 이사벨은 가난한 사람들에게 많은 도움을 베풀었다. 병원에 많은 기부금을 내고 가난한 사람들을 방문해 돈과 빵을 나누어주는 자비와 선행을 하였는데, 디니스 왕은 왕비의 선행 탓에 많은 재산이 탕진된다고 여겨 금지령을 내렸다. 그렇지만 왕비의 선행은 그 후에도 왕 모르게 이어졌다.

그녀를 기억하는 전설 중 하나가 '장미의 전설'이다. 어느 날 왕비는 망토에 가난한 사람들에게 나누어줄 상당량의 동전을 숨겨 나가다 왕과 마주쳤다. 왕은 그녀에게 외투 속에 무엇이 있는지를 물었다. 왕비는 "장미꽃입니다, 나의 왕이시여"라고 대답했고, 왕은 외투를 열어 보이라고 명령했다. 이에 외투를 열었더니, 아브라카다브라! 동전이 장미로 변해 있었다는 전설이다. 이 이사벨 왕비가 코임브라의 수호성인이다. 1286년에 세워진 산타 클라라 수도원에 그녀의 관이 안치되어 있었는데, 거듭되는 몬데구 강의 범람으로 17세기 들어 수도원을 폐쇄하고 강 건너 언덕에 새 수도원을 세워 그곳으로 왕비의 관을 옮겼다. 산타 클라라와 같은 삶을 살아온 이사벨은 코임브라가 진정으로 사랑한 왕비였다.

대학도시 코임브라의 파두 세레나데

코임브라에도 파두가 유명하다. 리스보아에서는 여성이 여성의 마음을 노래하는 파두가 주종이라면, 이곳은 남성이 사랑하는 여인을 위해 부르는 세레나데가 주를 이룬다. 대학의 도시답게 사랑에 빠진 남학생들이 여학생에게 바치는 세레나데와 학생생활을 노래하는 밝은 곡이 많다는 것이다. 학생들의 이런 파두 전통이 이어져 내려와 코임브라 곳곳의 바와 레스토랑에서 노래하는 가수는 거의 코임브라 대학 출신자들이라고 한다.

파두 좀 들어보려고 공연하는 바를 기웃기웃했지만 죄다 늦은 시간에 시작했다. 아쉽지만 라이브는 못 보고 카페에서 들려주는 오디오로만 즐겨야 했다. 제대로 못 잤다간 다음 날 하루 종일 헤매기 십상이다. 그랬다간 본인도 힘들지만 같이 걷는 사람들에게까지 폐를 끼치게 되니, 아쉽지만 마음을 접을 수밖에….

산타 클라라

이탈리아 아시시의 귀족 출신으로 '아시시의 성 프란체스코'의 초기 추종자 중 한 여인인 클라라(1194~1253)는 가난하게 살기로 서약하고 1212년 프란체스코 수도회에서 갈라져 나와 이탈리아 아시시에 '가난한 클라라 수녀회'를 세웠다.(원래는 '가난한 여인들의 수녀회'였다가 그녀가 죽은 뒤 그녀를 기리기 위해 이름을 바꿨다.) 그녀를 추종하는 수녀 집단을 흔히 제2의 프란체스코회라고 불렀는데, 이들은 수녀원에 은둔하며 기도와 고행에 자신을 바쳤다. 가난한 클라라 수녀회에 소속한 수녀들은 거의 모든 일을 독자적으로 결정하기 때문에 규칙을 실천하는 방식은 매우 다양하다. 이 수녀회는 기도와 고행, 명상 및 육체노동에 헌신하고 지극히 엄격한 은둔 생활과 금식 및 금욕 생활을 채택하고 있다는 점에서 로마 가톨릭 교회의 수녀회 가운데 가장 엄격하고 금욕적인 수녀회로 여겨진다.

한편 가톨릭 교회는 1958년부터 산타 클라라를 '텔레비전의 수호성인'으로도 모시고 있다. 미국에서는 가난한 클라라회의 안젤리카 수녀가 가톨릭 채널인 '영원한 말씀' 방송사EWTN를 설립, 1981년부터 송출을 시작했다.

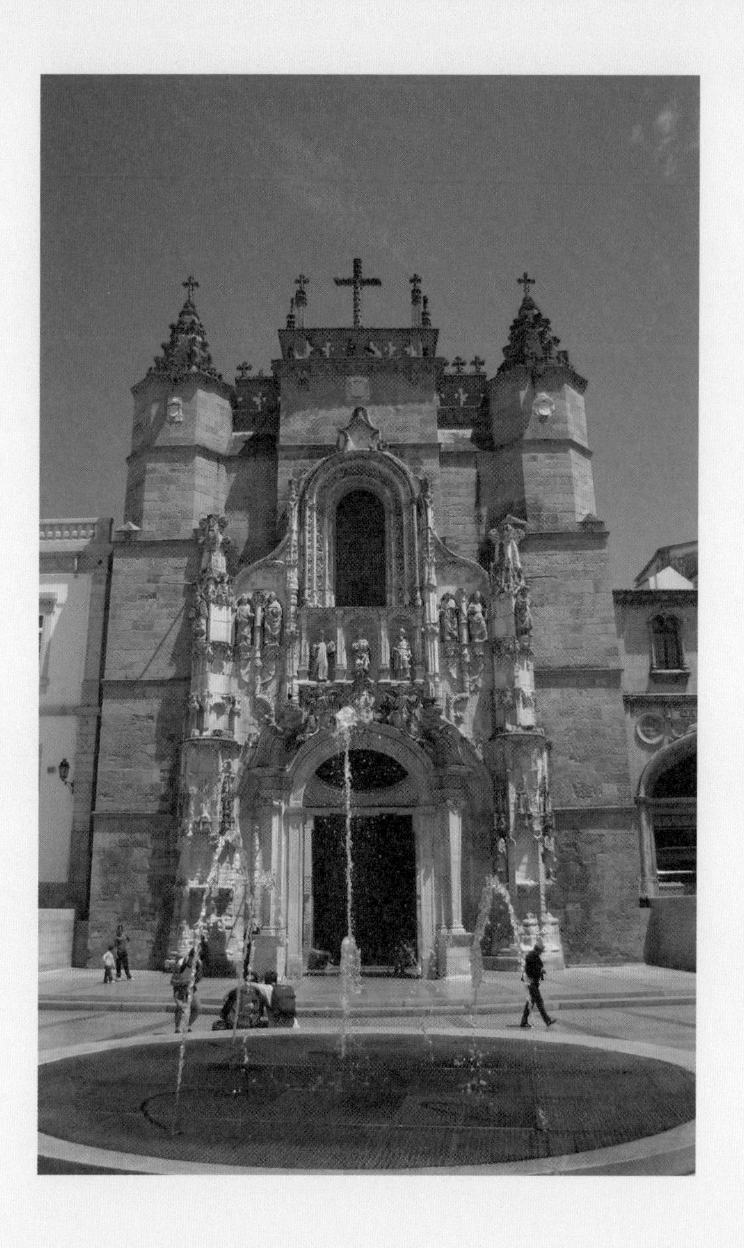

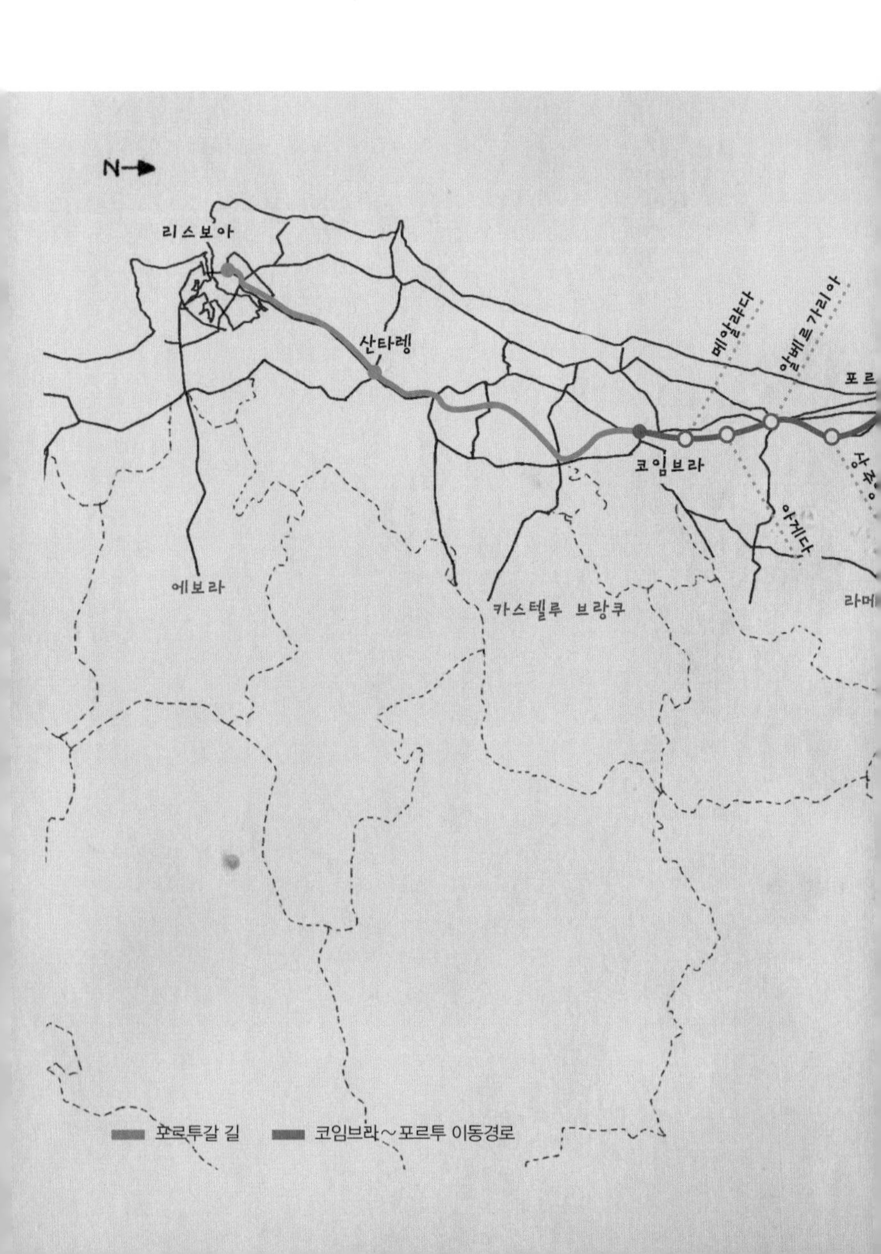
N
리스보아
산타렝
메알랴다
알베르가리아
코임브라
아게다
에보라
카스텔루 브랑쿠
포르투갈 길
코임브라~포르투 이동경로

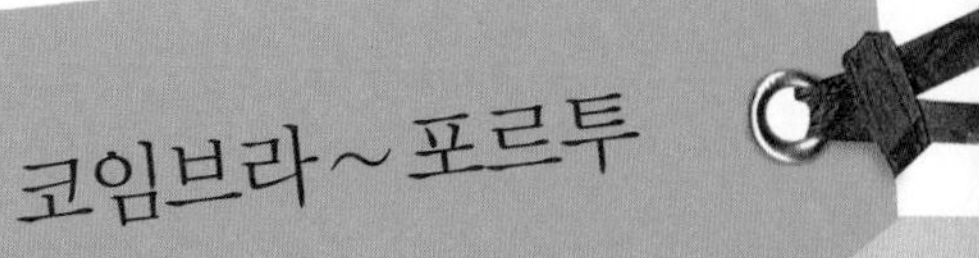
코임브라~포르투

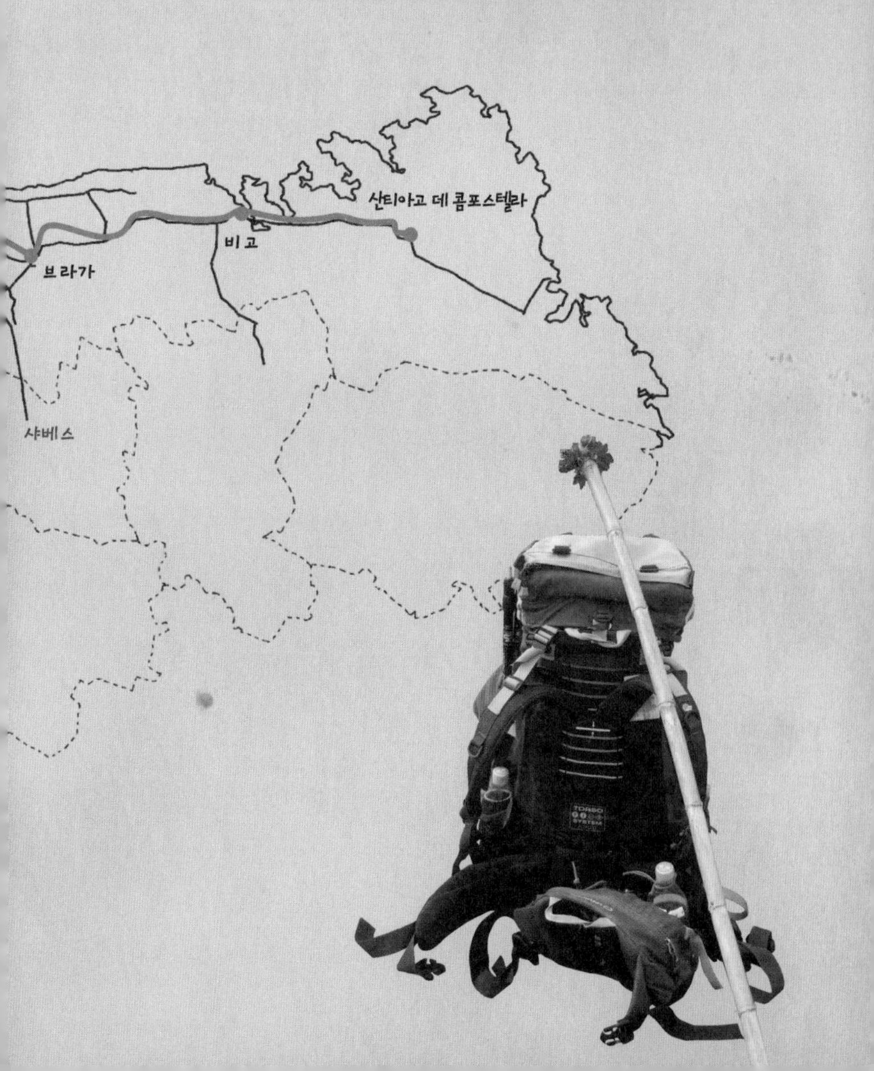
산티아고 데 콤포스텔라
비고
브라가
샤베스

Day 13~17

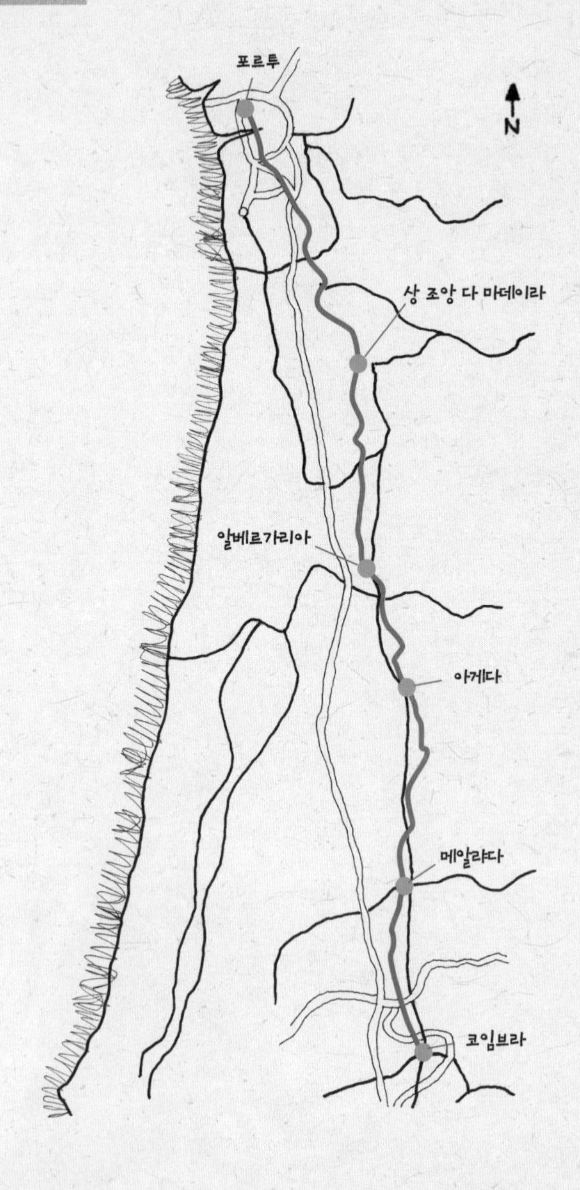

Day 13

코임브라 → 메알랴다(22.4km)

Coimbra → Mealhada

전직 대통령의 자살

이른 아침 커피와 함께 간단히 아침을 먹는데 주인이 내가 한국인임을 알자 "코레아 대통령이 죽었다"며 자신의 목을 치는 시늉을 했다. 세상에나, 마시던 커피를 내뿜을 만큼 놀라웠다. 도대체 어찌된 일인가? 대통령이 어떻게 그런 변을 당했는지, 이렇게 어려운 때 나라는 또 얼마나 극심한 혼란에 빠질지 지극히 염려스러웠다.

어떤 나라를 여행해도 남과 북이 대치된 나라에서 온 탓에 늘 한마디씩 듣는다. 한국에서 다시 제2차 동족전쟁이 벌어질 것인지, 서독과 동독처럼 통일이 될 수 있는지, 너는 그런 통일을 원하는지, 그런 것들이 단골 질문이다. 텔레비전 뉴스 시간은 지나갔고, 포르투갈에서 한국 대통령의 죽음을 시시각각 보도하지는 않기에, 뉴스를 기다리다 답답해서 로밍한 휴대폰으로 서울로 문자를 보내고 소식을 기다렸다. 서울에서 들려온 정확한 소식은 '전직 대통령의 자살'이었다.

자살이란 소식은 또 다른 충격이었다. 그리고 내가 생각한, 테러에 의한 현직 대통령의 죽음이 아니어서 다행이란 마음이 동시에 들었다. 전직 대통령의 자살이란 소식에 같이 길을 걷던 친구들이 더 놀랐다. 한 가정의 가장도 가족에게 미치는 영향이 큰데, 하물며 전직 대통령이라니, 더 말할 필요가 있겠냐는 것이다. 서울의 지인들은 내게 좋은 소식이 아니라 뉴스를 전하지 않았다고 한다. 작년 가을 산티아고 길을 걸을 때는 안재환과 최진실의 자살 소식을 연거푸 듣고 놀랐었는데….

얀이 "세상은 살아 있는 사람들의 것"이라며 배낭을 메고 일어섰다. 답답해진 마음 탓인지 발이 자꾸 돌부리를 걷어차는 바람에 넘어질 뻔하기를 여러 차례. 급기야 얀과 제프가 안전을 위해 걷는 일에 몰입하라고 주의를 주는 지경에 이르렀다. 코임브라를 안전하게 빠져나가 작은 마을길로 접어드는 동안 다행히 몸이 먼저 걷는 모드로 접어들었다. 놓아버렸던 정신줄은 그러고도 한참 후에 겨우 돌아왔고….

철이 들어 효도하려니 부모님은 안 계시더라

오늘은 유난히 엄마가 좋아했던 꽃이 많이 보인다. 엄마는 화단 가꾸는 것을 무척 좋아하셨다. 당시 내가 보기엔 좀 심하다 싶을 정도였다. 엄마가 좋아한 백합과 다양한 나리꽃, 푸짐한 수국, 초롱꽃나무, 칸나, 글라디올러스, 창가에 올려놓은 각종 서양란과 담장을 넘는 탐스런 장미, 길가의 소박한 들장미. 꽃향기를 흠뻑 머금은 바람이 얼굴을 스친다. 화사한 여인이 진한 향수 여운을 남기고 내 앞을 스쳐지나간 듯하다.

어린 시절 일류 멋쟁이였던 엄마가 학교에 오면 아이들이 부러워했다. 학교 행사에 손수 정성스럽게 가꾼 국화 화분을 여러 개 보내주시곤 했다. 백합꽃이 활짝 피면 그곳에 손수건을 살짝 올려놨다가 다림질해서 아버지의 양복 주머니에 찔러넣으시던 기억도 난다. 그런 엄마는 나이 들어 중풍으로 고생하시면서도 꽃 가꾸는 손을 멈추지 않으셨다. 주변에 지인들이 기르다 포기한 난 화분이 엄마 손에만 오면 다시 화사한 꽃을 피워내는 일이 흔했다.

때론 엄마가 너무너무 싫었던 적도 있다. 미웠던 적도 있다. 그땐 내가 너무 어린 탓이었다. 그러다가 엄마가 중풍과 합병증 탓에 병원생활을 오래 하여야 했다. 몸져누워서도 유머를 잃지 않는 엄마가 고마웠다. 부모님이 투병생활을 오래하면 형제간의 사이가 대부분 벌어진다고 하지만 우리 형제들 사이의 우애는 더 단단히 다져졌다. 모두 부모님 덕이다.

아버지는 형제들에게 순번을 정해 엄마를 간호하도록 했다. 사위만 빼고 딸, 아들, 며느리가 밤과 낮으로 시간을 나눠 스케줄을 짰다. 난 토요일 밤 당번이었다. 일요일 오전 당번이 올 때까지 엄마를 돌봤다. 당번은 자기가 먹을 것을 들고 온다. 그렇게 하니 당번이 아닌 가족은 병원에 계신 엄마를 잊고 일상생활을 할 수 있었다. 아버지는 엄마를 돌보는 방법과 해야 할 일을 상세하게 표로 만들어놓으셨다. 당번은 하루일과표에 따라 엄마를 씻기고 운동시키고 약 드리고 그밖에 한 일을 공란에 체크해놓아서, 앞사람이 한 일과 내가 할 일을 한눈에 파악하여 서두르지 않고 맡은 일을 할 수 있도록 해놓

23
40

핸드볼 골대 같은 게 양쪽에 세워져 있는 메알랴다의 봄베이로스.

았다. 아버지의 이런 배려로 우리 형제들은 아픈 부모를 경제적으로나 육체적으로 나누어 돌볼 수 있었다. 이런 일로 서로 서운한 감정이 있었던 형제 사이도 자연스레 좋아지게 되었다. 엄마는 병상에서도 유머를 잃지 않고 순번으로 찾아오는 자식들을 반갑게 맞아주셨다. 오랜 투병생활로 고통이 극심했을 텐데도, 자식들을 향해 누구는 잘했다, 누구는 못했다, 그런 불평도 하지 않으셨다. 그렇게 우리를 다독거리신 뒤 엄마는 돌아가셨다. 형제간에 흩어졌던 마음들을 조곤조곤 모아주신 뒤 이제 안심이라는 듯 편안히 눈을 감으셨다.

긴 병에 효자 없다는 속설이 있기는 하지만, 가족이 있어, 형제가 있어 힘이 된다는 것을 느끼게 만들어주신 분은 아버지셨다. 아버지는 엄마가 돌아가신 후 1년 뒤에 갑자기 쓰러져 돌아가셨다. 두 분의 장례를 치르며 많은 것을 배웠다. 가족이 있어 고맙다는 것을 절

비교적 정리정돈이 잘된 대형 체육관에서 무료 숙박을 했다.

실히 깨달았다. 아버지와 큰오빠는 엄마 장례식장에서 막내 손자인 초등학교 1학년 조카에게도 집안일을 거들게 했다. 그 막내는 오가는 손님의 신발을 정돈하고 돌아가실 때 인사하는 일을 맡아 잘 해냈다. 이런 일을 한 조카들은 가족의 성원으로서 할머니·할아버지 장례식에서 자신이 한 일이 있음을 두고두고 자랑스럽게 여겼다.

오늘은 왜 이리 부모님 생각이 나는지…. 살아 계실 때 "사랑합니다!" "감사합니다!"라고 했었는지 기억조차 없다. 돌아가시고 나니 부모님이 더 소중하게 느껴지고 그립고 고맙다. "철이 들어 효도하려니 부모님은 안 계시더라"란 옛말이 가슴을 때린다.

제비가 드나들던 메알랴다의 봄베이로스

메알랴다의 봄베이로스는 핸드볼 골대 같은 게 양쪽에 세워져 있는 대형체육관이다. 그 넓은 공간에서 달랑 세 명이 잠을 잤다. 천장에서는 제비들이 집을 짓느라 분주하게 들락거렸다. 덕분에 그 주변의 바닥에는 새똥에 지푸라기가 떨어져 어수선했다. 그것 말고는 비교적 깨끗하게 정리정돈이 잘된 시설이었다. 무료 숙박이 감사할 따름이다.

초등 1학년쯤 되는 아이들이 자전거를 끌고 와 체육관 안에서 고고씽이다. 샤워하고 빨래하는 시간이 아이들의 웃음소리 덕분에 즐거웠다. 소방서에서 자면 샤워와 빨래를 기분 좋게 할 수 있다. 그런데 밖에 내다 건 빨래가 잠깐 사이에 소나기 세례를 맞아 흠뻑 젖어버렸다. 다시 거둬들여 골네트에 널어놓았다.

밤이 되자 새소리도 뚝 끊어지고, 체육관의 높은 채광창을 통해 교교한 달빛이 내려와 앉았다. 여기저기 벌어진 틈 사이로 거센 바람이 밀려와 넓은 체육관 바닥을 휩쓸고. 마치 만화영화에서처럼 유령이 바람을 타고 들어와 체육관 안을 휘젓고 날아다니는 것 같았다. 하지만 무서운 느낌이 들지는 않았다. 체육관 한가운데에다 얀과 제프가 옮겨놓은 책상과 의자에 내려앉는 달빛, 세 순례자의 신발이 빚어내는 달빛 그림자의 음영, 바람 소리에 섞여 들리는 것 같은 동네 아이들의 웃음소리, 그 조화가 아름다울 뿐이다.

Day 14

메알랴다 → 아게다(25.1km)

Mealhada → Agueda

플라워 카페트

오늘 지나는 길에는 유독 미니어처 교회가 많았다. 그 안에는 파티마의 성모와 세 목동, 혹은 성인들의 상이 놓여 있었다. 그리스를 여행할 때도 길가에 미니어처 교회가 줄지어 있는 광경을 본 적이 있었다. 이곳은 그리스보다 수는 적지만 크기는 그보다 크다. 일본 시코쿠 섬의 88사찰 순례길에서 만난 지장보살상 또한 그 종교적 의미는 일맥상통하는 것이리라. 특히 일본의 지장보살은 아이들을 돌보는 수호신이었는데, 그런 역할을 하는 성인이 이곳에도 있었다. 수사복을 입은 성인이 아이를 안고 있는 그림의 아줄레주를 집의 벽과 현관에 모셔놓거나, 나무나 돌로 새겨 곳곳에 세워두었다.

오늘은 거의 아스팔트길이다. 울퉁불퉁한 돌길에서 하도 고생하고 나니 차라리 아스팔트가 낫다. 발이 덜 아프기 때문이다. 하지만 뱀에겐 아스팔트가 유형지였을까. 유독 아스팔트 위에서 생을 마감

INRI
G.A
G.N.

한 뱀들이 자주 눈에 띄었다. 기절초풍해서 기겁한 게 한두 번이 아니었다.

아벨라스에서 아이스크림을 먹으며 쉴 때였다. 갑자기 확성기에서 유쾌한 노래가 흘러나왔다. 잠시 피로를 잊게 해주는 경쾌한 댄스곡이 메들리로 이어졌다. 한낮의 이글거리는 땡볕을 피해 한국의 원두막처럼 꾸며놓은 그늘 아래서 제프와 얀이 아이스크림을 먹으며 춤을 추기 시작했다. 꼬인 게 없는 사람들이다. 마을길을 벗어날 때까지 확성기에서 노랫 소리가 들렸다. 세 명의 배낭이 연신 들썩거렸다.

결혼 45주년을 기념하기 위해 여행온 아일랜드 커플을 길에서 또 만났다. 이들은 정말 느림보 자전거 투어를 한다. 도보여행자가 하루 걷는 거리와 같은 거리를 자전거로 가고 있는 셈이니까. 무리하지 않고 충분히 즐기며 포르투갈을 돌아보는 것이다. 이들이 나를 보고 제일 먼저 한 말은 전직 대통령의 죽음에 관한 얘기다.

"킴 소식 들었어요? 전직 대통령이 자살을 했다던데?"

"아, 네 들었어요. 아무래도 많은 압력과 여러가지 스트레스가 있었나보죠."

다시 길을 걷는데 오토바이가 한 대 지나갔다. 시골부부가 밭에서 일을 마치고 돌아가는 모양이다. 뒤에 앉은 부인이 한 손에 들꽃을 한아름 안고 다른 손으로는 남편의 허리를 안았다. 밭 주변에서 딴 것임에 틀림없는 꽃다발이다. 흰색 들장미와 주홍빛 나리꽃, 보라색 엉겅퀴 다발이 자연스럽게 화려하다. 길가에 지천으로 피어 있는 꽃이 모두 화려했다. 극락조와 칸나까지 길가에 피어 있었고 푸짐한 장미와 수국도 지천으로 널려 있었다. 보랏빛 꽃들은 대부분 향기가 짙고 오래가는데 이곳에는 보랏빛 꽃도 많았다. 거기에 유칼립투스의 톡 쏘는 향까지 곁들여지니 코끝과 목까지 시원하다. 이제껏 걸어본 스페인과 일본의 그 어느 도보여행지보다 훨씬 더 많은 꽃을 보며 걷는 '플라워 카페트'의 길이다. 바닥만 보송보송한 흙길이라면 도보여행자에게 거의 완벽한 코스가 될 텐데….

하나둘 꺾어 모은 작은 꽃이 어느새 어여쁜 꽃다발이 되었다. 어디로 가지고 가려고 꺾은 꽃이 아니었다. 아게다Agueda강을 바라보는 어느 길 끝에 나는 꽃다발을 조심스레 내려놓으며 기도했다. 훌쩍 세상을 등져야 했던 그 영혼의 안식을…. 각기 다른 빛깔과 향으로 피어나지만 함께 어울려 아름다운 꽃밭을 이루는 저 들판처럼, 남겨진 자들도 부디 평화롭게 어울리기를….

아게다의 아줄레주

아게다 강을 건너면 강의 이름과 똑같은 작은 도시가 나온다. 오늘도 봄베이로스행이다. 이곳에서는 3층의 강당 뒤편에 이층침대까지 갖춰놓고 도보순례자들을 맞았다. 시설이 훌륭한데도 찾는 이가 많지 않았는지 창고처럼 방치되어 있었다. 오히려 강당 바닥에 매트리스를 깔고 자는 게 나을 것 같았다. 샤워장도 남녀가 구별되어 있어 좋았다.

대강당의 정면을 장식한 아줄레주 그림은 AGUEDA라는 글자와 자기 심장에 얼굴을 묻고 있는 하얀 날개를 펼친 새, 그 새의 심장에서 소방대원의 모자와 도끼 위로 붉은 피가 떨어지려는 찰나를 묘사하고 있었다. 그 아래에는 'Vida por Vida'라고 쓰여 있었는데, 이는

'생명을 위해 생명을'이란 뜻이다. 위험에 빠진 생명을 위해 생명을 바쳐 구한다는 뜻인가? 소방대원의 비장한 희생정신을 표현한 아줄레주였다.

그런데 숙소인 소방서에서 카림보를 해주지 않는다고 한다. 그리 힘든 일도 아닐 텐데, 순례자 처지에서는 그처럼 아주 작은 것에 소홀한 게 아쉬울 따름이다. 뜻밖에도 근처의 빵집에서 빵과 커피를 먹다 카림보를 받을 수 있었다.

이 마을에는 아줄레주를 화려하게 장식해놓은 집이 많았다.

혼자 강당의 무대에 앉아 있다 노래를 부르기 시작했다. 한 곡 두 곡 이어지며 한참 노래 삼매경에 빠져 있었는데 갑자기 박수 소리가 들렸다. 지나는 소방대원 아저씨들이 듣고 있었던 것이다. 나의 콘서트는 박수 소리로 끝이 났다. 그렇지만 즐거운 시간이었다.

얀과 제프가 마을 구경을 하고 돌아와 꼭 마을에 나가보라고 권하여 뒤늦게 구경하러 나갔다. 아줄레주 장식이 화려한 집이 많았다. 13세기에 디니스 왕의 기부금으로 이곳에 많은 대저택과 콘도들이

지어졌는데 불행하게도 거의 모두 사라졌다고 한다. 하긴, 그로부터 700년이 넘는 세월이 아닌가. 과거의 영화를 보여주기에는 너무 낡았지만 당시로서는 꽤 멋졌을 집들이 그래도 남아 있어 눈길을 끌었다. 최근이라 할 수 있는 19세기의 아줄레주 장식도 곳곳에 남아 있었다. 이글레시아와 묘지를 둘러보며 아게다 산책을 마쳤다.

이번 여행을 떠나오며 나름대로 다이어트를 하자고 내심 다짐을 하였으나, 동행하는 사람들과의 즐거운 저녁식사를 포기할 수는 없는 노릇. 아, 어쩌란 말인가. 홀로 외롭게 걸으며 살이라도 뺄 것인가? 아니면 함께 걷고 즐겁게 먹을 것인가? 다이어트 결심은 그렇게, 포기하는 게 당연한 선택이 되고 말았다.

Day 15

아게다 → 알베르가리아(16.1km)

Agueda → Albergaria

유칼립투스 샤워 터널

밤새 발이 아팠다. 발등이 쑤시고 저려 끙끙대느라 잠을 못 이루다 새벽녘에야 겨우 잠이 들었는데, 후두두두둑, 야속한 비가 지붕을 때려대는 바람에 잠이 깨버렸다. 비몽사몽 잠을 청하며, 비야, 제발 잦아들어라, 제발, 빌고 또 빌었다.

"나그네여, 염려 말고 가시라." 새벽길을 나서니, 가랑가랑 가랑비로 내리던 비가 심란한 어깨를 다독거리듯 보슬보슬 보슬비로 발길을 재촉했다. 내리다 말다를 거듭하는 빗속에 우의를 입고 걷는 길. 밤새 퍼부은 비 탓인지 숲길로 접어드는 길목이 질펀하게 늪처럼 되어버렸다. 지팡이를 이용해 기우뚱대는 몸의 균형을 유지하며 물구덩이를 피해 걸었다. 늪을 통과하여 유칼립투스 숲에 이르니 포크레인 같은 차 한 대가 나무를 잘라 껍질을 벗기고 토막을 내서 한쪽에 쌓아두고 있었다. 운전자 혼자 이 모든 일을 했다. 유칼립투스 간벌 작

MUSEU-ETNOGRAFICO-DA-REGIÃO-DO-VOUGA
RESIDENCIAL
CAFÉ BAR

업 현장을 걷다 보니 그 특유의 향으로 온몸을 샤워하는 기분이다.

모이리스카의 집들은 화려한 타일 장식이 심상찮았고, 오래된 영주의 집 같은 대저택도 있었다. 마치 낡은 사진 속을 걷는 것 같기도 하고, 추억의 영화 속 한 장면으로 걸어들어가는 느낌도 들었다.

얀이 세렘 마을을 지나면서 엉뚱한 방향으로 걸어갔다. 워낙 빠른 걸음이라 내가 뒤에서 불러도 듣지 못하고 가버렸다. 한참을 뛰어가 틀린 길임을 확인시켰다. 그래도 얀이 의심스러워 하기에 지나가는 차를 세워 확인한 후 제 코스를 찾아갔다.

"99퍼센트는 내가 길을 찾아가지. 하지만 가장 중요한 마지막 1퍼센트는 늘, 킴, 당신이 완성해. 킴! 넘버 원이야."

얀은 걸음이 빨라 늘 앞장서서 간다. 지친 기색을 드러내는 일도 좀체 없다. 그런데 가끔, 너무 열심히 걷느라 샛길로 빠지는 화살표를 놓치긴 한다. 때론 제프와 얘기를 나누느라 길을 잃기도 하고. 특히 마을에 들어서면 길을 잃는 일이 잦았다. 난 오히려 마을길에서 더 꼼꼼히 화살표를 확인하며 걷는다.

그렇게 여러 차례 그들을 불러 되돌아와 제 길을 가도록 했다. 그랬더니 얀은 길을 가다 뒤돌아보고 내가 보이지 않으면 자신이 틀린 길을 걷고 있음을 알아채고 되돌아오기도 했다. 그럴 때면 난 그들이 길을 잃은 지점에서 기다리다 환호성을 지르며 맞이해주었고. 자신감 넘치는 파이오니아들에게 내가 1퍼센트나마 힘을 보태면서 우리의 걷기 파트너십은 차근차근 다져져 갔다.

마사토가 깔린 숲길을 즐겁게 걸었다. 흐린 하늘 아래 비 묻은 바람을 맞으며 가는 것도 좋다. 길가의 꽃향기는 달콤하기도 한데, 오늘은 오렌지, 자두, 배, 사과 등 열매 달린 나무가 길가에 많았다. 잘 익은 야생자두 하나를 따서 먹었다. 새콤! 달콤!

주로 시골길을 지나는데 아우디, 벤츠, BMW, 푸조가 굴러다녔다. 신형은 물론 전시장에 있을 것 같은 올드 모델 롤스로이스도 있었다. 그렇다면 포르투갈이 부자나라인가? 서유럽에서 그리스와 더불어 경제력이 뒤떨어지는 나라가 아닌가. 길에 다니는 멋진 차들을 보며, 수도 리스보아의 낡아서 형편없는 건물들의 군상을 떠올리지 않을 수 없었다. 신형 벤츠 세단을 타고 포도밭을 둘러보러 온 농부도 생각났다.

어찌되었든 그들이 풍요롭게 산다면 나그네에게는 좋은 일이다. 인심은 곡간에서 난다고 하지 않았던가. 지금까지 포르투갈 길을 걸으며 공공장소에서는 물론 시골의 아주 낡고 작은 교회에 있는 시계도 시간이 정확하게 맞았다.

그리스나 스페인을 여행할 때는 시간이 제대로 맞는 시계를 본 적이 거의 없었다. 그리스에서는 심지어 기차역 앞의 시계도 멈춰 있었다. 이탈리아에서도 중요 도시 빼고는 시계가 멈춰 있거나 시간이 맞지 않았다. 시계 없이도 살 수 있는 사람들이어서일까? 과연 그럴까? 지금까지 도시나 시골에서 본 포르투갈 사람들은 깨끗하고 부지런했다. 사교적이지는 않았지만 먼저 상냥하게 인사를 하면 가까이 다가와 친절을 베풀었다. 시계를 정확하게 간수하는 사람들이라면 정리정돈에도 능하고 다른 일들도 계획성 있게 할 듯하다. 포르투갈 사람들은 앞으로도 야무지게 살며 많은 발전을 이루어내리라 믿는다. 따봉! 포르투갈!

소방서에서 잔다는 것

오늘도 우린 봄베이로스로 먼저 갔다. 소방관들은 순례자용 숙소가 따로 있다며 그곳으로 안내했다. 그곳은 인근 성당의 부속건물. 잠은 거기서 자고 씻는 것은 소방서에서 한다. 사제관에 계신 할머니가 열쇠를 갖고 있는데, 할머니께서 깊은 잠에 빠졌는지 도통 문을 열어주지 않았다. 소방대원이 문을 두드리다 돌아가 전화를 하겠다고 떠난 뒤에도 할머니는 문을 열어주지 않았다. 혹시 외출했을지도 모른다는 생각에 맞은편 카페에서 차를 마시며 사제관 현관을 지켜보았다. 한참을 기다리다 다시 가서 문을 두드리니, 아, 그제야 할머니께서 나오셨다!

"아침에 떠날 때는 사제관 우체통에 열쇠를 넣고 가세요."

꼼꼼하게 잠자리를 안내한 뒤 열쇠 두고 갈 곳까지 일러주는 야무진 할머니. 아, 미워할 수가 없는 분이다!

우리가 잘 곳은 여러 개의 회의실 같은 많은 방 중 하나로 책상 하나와 유치원생이 앉을 수 있는 크기의 의자 삼십여 개가 나란히 배열되어 있는 작은 방이었다. 창고에 쌓여 있는 매트리스를 골라 자리를 잡고 얀과 제프가 샤워하러 소방서로 갔다. 우리가 머문 방 옆에는 기부받은 옷과 신발, 가방, 이불, 커튼 같은 것이 말끔하게 정돈되어 있었다.

빨래를 하다 문 두드리는 소리에 나가 보니 몇 사람이 현관에 서 있었다. 그들은 누군가를 찾는 듯했으나, 말이 안 통하니 대략난감이다. 곧 한 아주머니가 나타나 사태를 해결해주었다. 이들은 기부된 물건을 가지러 온 것이다.

그사이 샤워를 하고 온 얀과 제프와 바통터치를 하고 내가 소방서로 건너갔다. 소방차를 청소하던 상냥한 여자 소방대원의 안내로 샤워부스로 들어가 샤워를 하는데, 갑자기 사이렌 소리가 요란스레 울려대기 시작했다. 소방차들이 어디론가 부리나케 출동하는 모양이다. 소방서에 있음을 실감하며 샤워를 마쳤다.

숙소로 돌아오니 조금 전까지 조용하던 교회에 사람들이 북적거렸고 주차장도 어느새 꽉 차 있었다. 누군가 돌아가셔서 장례미사를 보기 위해 모인 것이었다. 조그만 동네가 아연 어수선해졌다.

얀과 제프는 마을에서 운영하는 도서관으로 갔다. 거기서 인터넷을 쓸 수 있다며. 그는 자신의 블로그에 지금 걷는 포르투갈 길의 에피소드를 연재하고 있다. 젊은 청춘 못지않게 인터넷을 즐기는 얀이다. 사람들이 돌아간 뒤 다시 정리된 기부 물품들을 이리저리 둘러보다 마음에 드는 겨울 스카프를 발견했다. 만지작거리다 나보다 더 필요한 이들이 있으리란 생각에 견물생심의 유혹을 이겨내고 그 자리에 놔두었다. 마음을 비우는 법을 배우는 도보순례자임을 잊어서는 안 될 일!

Day 16

알베르가리아 → 상 조앙 다 마데이라(28.5km)

Albergaria → São João da Madeira

얀과 제프는 어디로 갔을까

날치 한 마리가 가파른 숲길을 날아오르는 꿈을 꾸었다. 물고기가 숲을 날아다니다니 이야말로 연목구어의 판타지가 아닌가. 지천명을 훌쩍 넘긴 나이인데도 아직까지 이런 근거 없는 꿈에 기대 살고 싶은 걸까? 정신 차리라는 듯, 금세 아침이 밝았다.

배낭을 챙기고 나오며 할머니께서 시킨 대로 열쇠를 우체통에 넣고 출발했다. 화살표 표시가 잘 되어 있는 소방서가 오늘의 출발 포인트. 알베르가리아를 빠져나가는 뉴타운 지역을 지나며 일찍 문을 연 빵집에서 커피와 함께 아침을 먹었다. 역시 금방 만든 빵과 함께 먹는 커피 맛은 뿌리치기 힘든 유혹이다. 빵집 가까운 곳에 사는 동네 주부들이 밥 짓듯 빵을 사들고 돌아간다.

오늘은 오르막과 내리막이 거듭되는 난코스다. 유칼립투스 숲에서 나뭇가지 하나를 주워들었다. 고개를 오르고 내릴 때 쓸 지팡이

로마다리에서 기다리고 있을거라 생각한 두 사람이 보이지 않았다.

다. 도대체 기차가 다니긴 하는 건지 의심스러울 정도로 고색창연한 기찻길을 여러 번 건넜다. 그 길 위로 기차가 지나가는 걸 봤을 때는 탄성이 절로 나왔다.

오늘도 로마다리를 지났다. 길이 짧게 끊어지듯 구부러지는 길목에서 앞서가던 두 사람을 잃어버렸다. 난 제대로 노란색 화살표를 따라갔다. 그것도 크고 확실한 이정표가 여러 개 있어서 그들도 길을 잘 찾아갔으리라고 생각했다. 로마다리에서 그들이 기다리고 있을 거라 생각했지만 보이지 않았다. 워낙 걸음이 빨라 나보다 앞서 가기 때문에 보이지 않는 곳까지 갔나? 무작정 기다릴 수는 없어서 가다보면 만날 것이라 기대하며 계속 걸었다. 이정표는 잘 되어 있었지만, 아무리 가도 얀과 제프는 보이지 않았다. 아마도 그들은 무심코 마을길로 들어섰을 것이고, 눈에 잘 띄는 곳에서 나를 기다리고 있는 게 틀림없어 보였다.

직진 코스의 언덕에서 내려오는 차를 세웠다.

"오는 길에 순례자 두 명 못 보셨나요? 남자 둘?"

못 봤나보다. 두 사람이 이 길로 앞서 가지 않았다는 건 확실해졌다. 내가 걸어온 쪽으로 가다 혹시 그들을 보면 내가 여기서 기다린다고 얘기해달라는 말을 몇몇 짧은 단어로 설명했다.

아니나 다를까, 한참을 기다리니, 얀과 제프가 언덕길 아래에서 올라왔다. 어찌나 반가워하는지, 그 모습이 나를 감동시켰다. 먼 길 걷는 힘은 이런 뜨거운 인정에서 생겨난다. 그들은 내가 보이지 않자 길을 잃었다고 생각하고 얼른 돌아가 나를 찾았다고 한다. 이정표대로 따라가면 어딘가에서 내가 기다리고 있을 것이라고 생각했단다. 차 한 대가 지나가며 빵빵거리는 것을 들었지만 무슨 의미인지는 몰랐다고 한다. 잠시 헤어진 순간의 이야기가 길고 길다.

올리베이라oliveira de azemeis를 지나 산티아고 데 리바울santiago de ribaul에서는 산티아고상이 있는 교회에 들렀다. 벽면 중앙을 화려한 타일로 붙이고 나머지는 하얀 타일로 붙였다. 관광버스가 도착해 많은 사람이 내렸다. 단체 관광객은 걸어서 산티아고로 가는 우리 일행을 감탄의 눈으로 바라보았다.

작은 마을길을 지나는데 개 한 마리가 유난히 사납게 짖어댔다. 길에서 만나는 개들 중에 풀어놓고 기르는 개는 거의 순했다. 그런데 그 작은 개는 나를 보며 악을 쓰고 짖어댔다. 대충 무시하고 지나는데, 요 녀석, 대번에 물고 늘어질 기세로 이빨을 드러내고 달려드는 게 아닌가. 들고 있던 지팡이로 겁을 주니 도망가기에 방심하고 걷

FESTAS EM HONRA DA
RAINHA SANTA ISABEL
VILA DE
ARRIFANA
09-10-11-12-13
DE JULHO DE 2009

는데 이 녀석이 다시 나를 물을 것처럼 쏜살같이 달려오다 너무 세게 달려오는 바람에 나를 지나쳐서 급정거를 한 뒤에 죽어라 짖어댔다. 어찌나 위협적이고 악바리처럼 짖어대는지 나도 한 대 제대로 후려치고 싶어졌다. 손에 힘이 들어갔다. 아마 이도 악물었을 게다. 다행히 작은 개는 내 서슬 퍼런 지팡이를 피했지만, 아마 맞았으면 즉사했으리란 생각이 들어 뒤늦게 등골이 오싹했다.

"어휴! 하마터면 객지에서 개 잡을 뻔했네."

사람들이 무기를 처음에는 두려워서 호신용으로 준비했을 것이다. 그러나 결국엔 방어의 목적을 넘어 공격용으로 휘두르게 되고 만다. 오늘 내가 준비한 막대기가 호신용이었는데, 악바리같이 짖어대고 달려드는 개에게 저절로 공격용으로 돌변했던 것처럼. 우리나라에서도 권총 소유가 미국처럼 손쉬워지면 얼마나 많은 우발적 총기사고가 일어나겠는가. 무기는 그저 손에 대지 않는 게 상책이다. 작은 개 한 마리와 힘겨루기 끝에 타박타박 걷자니 내 안의 평화주의가 더 커지는 게 느껴졌다.

상 조앙에 이를 무렵, 계속되는 언덕길에 그만 지쳐버렸다. 한낮의 열기는 바야흐로 이글대기 시작하는데, 물도 똑 떨어져버렸다. 언덕길 정상에서 후줄근하게 퍼져 쉬고 있는데, 거기서 세차하던 아저씨가 얼른 집으로 들어가더니 큰 물통을 들고 와 우리에게 나눠주었다. 물을 보충하고 도심까지 들어가는 길도 2km가 넘었다.

도심 입구의 큰 공장을 지날 때다. 마침 점심을 먹고 일터로 돌아가는 근로자들과 마주쳤다. 회색 작업복에 흰 모자를 쓴 여인들이 삼삼오오 깔깔대며 걸어오다가 땡볕 속에 지쳐 걷는 우리를 보고 손으로 얼굴을 반쯤 가리고 수군거렸다. "어머머, 미쳤어. 미쳐. 이 더위에." "아유, 난 걷는 게 제일 싫어." "무슨 소리. 난 걸어서 세상 한 바퀴 돌아봤음 좋겠다." 쑤군쑤군. 키득키득. 알아들을 수 없는 그들의 대화를 내 맘대로 상상하며, 나는 마치 팬 서비스 하듯 명랑한 인사 한 마디를 날리며 그들을 지나쳤다. "시뇨라, 보아 타르지!"

Day 17

상 조앙 다 마데이라 → 포르투(34.2km)

São João da Madeira → Porto

no pain, no glory

마을 어느 집의 담장 너머 멋진 정원에 아름다운 여인의 누드조각상이 있었다. 그것을 살펴보려던 제프와 장난을 치던 얀이 돌에 걸려 넘어졌다. 큰 사고가 날 뻔했는데 감사하게도 이마와 코에 찰과상만 입었다. 아찔한 순간이었다. 오늘은 포르투에 입성하는 날. 34km도 넘는 길고 긴 코스다.

도중에 두 번이나 길이 엇갈렸다. 난 제 코스로 갔다. 길을 잃었다 싶은 지점에서 호루라기를 부는 요령이 생겼다. 늘 호신용으로 들고 다니던 호루라기를 이번에 제대로 쓰게 된 것이다. 제프도 호루라기를 갖고 있었다. 오늘도 난 1퍼센트의 역할을 충실히 했다. 얀이 되돌아와 손 흔들며 하는 말, "Good job, Kim."(잘했어, 킴)

포르투 가는 길 내내 돌길이라 정말 힘이 들었다. 발꿈치에 물집이 부풀어오르는 게 느껴졌다. 오늘도 로마가도를 따라 걸었는데 콘

크리트나 작은 돌길을 걸을 때보다 훨씬 편했다. 로마가도는 마차용 차도로 양옆으로 배수로를 만든 뒤 그 가장자리에 반드시 인도를 만들었다. 가도의 마지막 부분은 70cm 이상의 널찍한 돌을 빈틈없이 맞추어 포장했는데 인도는 이미 사라졌고 차도만 남았다. 오랜 세월 속에서 차도의 돌들은 닳고 닳아 틈새가 벌어져 반듯하지는 않았지만 둥글둥글하여, 요즘 들어 작은 돌로 촘촘히 박아 포장한 길보다 발바닥에 닿는 느낌이 부드럽다.

오늘 걷는 이 로마가도는 리스보아에서부터 포르투를 거쳐 아스토르가로 연결되는 주요 간선도로였다. 남아 있는 도로 폭만 봐도 대로였음을 알 수 있다. 걷기가 훨씬 부드러운 로마가도지만, 그래도 발바닥에 불이 난다 싶을 만큼 힘이 들었다.

"헤이, 킴. 네 얼굴이 고통스럽게 찌그러졌어. 요렇게 말이야."

얀이 자신의 얼굴을 양손으로 눌러 구기며 말했다.

"흠, 'No pain, no glory'라고 하잖아. 난 지금 glory를 만드는 중이야. 목적지에 도착하면 glory로 내 얼굴이 활짝 펴질 거야. 헥헥~~."

오늘따라 더 뜨거운 햇볕과 기나긴 돌길에 지쳐 지나가는 차를 얻어 타고 싶은 마음이 굴뚝같았지만, 나 혼자 그럴 수는 없는 노릇. 물론 얀과 제프도 지쳤다. 자주 카페에 들러 쉬고 또 쉬어 가며 힘들게 포르투에 도착했다.

넓고 장쾌하게 흘러가는 도루 강을 보는 순간 마음이 한결 홀가분해지고 피로가 싹 사라지는 게 아닌가. 도루 강 언덕의 포르투의 모습과 강에 떠 있는 유람선, 크고 작은 보트가 정박되어 있는 모습들이 일망무제로 펼쳐져 있는 화려한 그림 속으로 내가 성큼 들어서

오랜 세월 속에서 돌들이 닳고 닳아 틈새가 벌어졌지만 발바닥에 닿는 느낌이 부드럽다.

서 풍경의 일부가 되는 기분이었다.

카미노 화살표는 대성당으로 이어졌다. 대성당에서 기념으로 크레덴셜을 만들고 카림보도 받았다. 크레덴셜을 만드는 값도 겨우 50센트 유로로 저렴했다. 성당 바로 옆 인포메이션 사람들은 유창한 영어로 성실하게 답해주며 친절했다. 이곳 포르투에서 시작해 산티아고로 가는 순례를 시작하는 사람들이 많다.

포르투에서 산티아고 가는 길은 브라가 경유 코스와 바르셀루스 경유 코스 두 갈래로 나뉘었다가, 리마Lima 강변의 폰테 데 리마에서 다시 만난다. 우리는 바르셀루스 코스를 골랐다. 인포메이션 센터에서 바르셀로스로 빠져나가는 길을 안내받았다. 바르셀루스 코스를 택한 이유 중 하나는 루트 지도가 더 잘 되어 있기 때문이었다. 바르셀루스와 브라가 모두 들러보고 싶은 곳이다. 바르셀루스는 포르투갈의 대표적인 수탉의 전설이 있는 곳이고 브라가 역시 세계문화유산으로 등록된 도시다. 두 곳 다 탐이 났지만 형편이 편리한 곳으로 택하는 수밖에….

포르투와 포르투갈

포르투 사람들은 자부심이 대단한데, 그 기원은 이렇게 시작된다. 도루 강 입구의 원주민들은 칼레라고 불렸다. 로마는 기원전 200년 무렵 제2차 포에니 전쟁에서 승리해 이베리아 반도를 카르타고에서 빼앗은 뒤 칼레를 정복하면서 '항구에 있는 칼레'란 뜻으로 포르투스 칼레Portus Cale라는 로마식 이름을 달았다.

로마 멸망 후 711년에 이베리아 반도를 이슬람의 무어인들이 정

복했다. 이베리아 반도의 기독교 왕국들이 다시 국토회복운동을 하던 와중에, 프랑스 귀족인 앙리 데 부르고뉴가 카스티야 왕국의 공주와 결혼을 하고, 도루 강 일대인 포르투스 칼레를 영지로 삼는 포르투스 칼레 백작이 되었다.

백작이 죽은 후 영지를 두고 카스티야 왕국의 공주와 아들인 엔리케스와 전쟁을 한다. 아들인 엔리케스가 승리하여 카스티야에서 독립해 포르투스 칼레의 왕이 된다. 그 후 이 왕국은 무어인들을 몰아내고 국토를 넓혀 오늘날의 국경을 확정하게 되었다. 오늘날의 나라 이름인 포르투갈은 그 과정에서 생겨난 것이었다. 그러니 포르투 사람들의 자부심이 하늘을 찌를 법도 하다. 포르투 사람들은 자신들의 땅을 모태로 하여 오늘날의 포르투갈이 태동하였음을 한시도 잊지 않고 사는 것이다.

그렇다면 수도 리스보아는? 스페인의 마드리드-바르셀로나 사이처럼 리스보아-포르투 사이도 앙숙지간이다. 포르투 사람들은 포르투가 돈을 벌면 리스보아 사람들은 쓰기만 한다고 투덜거린다. 포르투의 막강한 경제력 때문이다. 리스보아 사람들은 포르투 사람들을 '트리페이루'라고 부른다. 유럽인이 잘 먹지 않는 내장요리 트리파스를 먹는다고 멸시하며 부르는 말이다. 길에서 만난 미구엘도 자신의 고향 포르투에 대한 얘기를 할 때 애정과 자부심으로 얼굴이 빛났었다. 축구도 언제나 라이벌이다. 미구엘 얘기로는 포르투가 한 수 위라는 것! 그 친구는 포르투 축구팀 광팬이어서 FC포르투 수건을 내게 선물하기도 했었다.

포르투의 구도심 골목길을 빠져나가는 순례자.

UNUS
TRINUS
DEUS
CARITAS

로마의 박지성

유럽에 있는 나라 치고 축구에 열광하지 않는 나라가 있겠는가마는 네덜란드도 대단한 축구 열기가 대단한 나라다. 그곳에서 온 얀과 제프 역시 축구 광팬이다. 나는 축구에 대해 아는 게 거의 없다. 그저 대표팀 게임을 "오 필승 코리아!"의 마음으로 보는 것밖에는. 제프는 포르투 클럽이 유로축구에서 명성이 높다는 걸 잘 알고 있었고, 네덜란드에서 활약한 박지성과 이영표 얘기도 꺼냈다. 그리고 히딩크 얘기를 했다. 얀과 제프는 박지성에 대해 잘 알았고 훌륭한 선수라고 칭찬했다. 물론 '네덜란드인 히딩크'가 키웠음을 강조하면서 말이다.

저녁 먹으러 간 식당의 대형 TV에서 마침 2009 챔피언스리그 결승전이 한창이었다. 이탈리아 로마에서 벌어진 바르셀로나와 맨체스터 사이의 결승전이다. 박지성이 화면에 클로즈업되자, 얀과 제프가 내게 엄지를 치켜세워 주었다. 나도 뿌듯한 표정으로 자랑스럽게 엄지를 추켜세웠다. 오로지 박지성 때문에 맨체스터를 열심히 응원하였지만 바르셀로나가 우승했다.

제프는 리스보아를 출발할 때부터 물집이 생겨 매일 고생을 했는데, 오늘은 드디어 내 발뒤꿈치에도 물침대가 두 개나 달라붙었다. 이제 멀쩡한 발은 얀밖에 없다.

저녁에 얀이 아들과 통화를 하더니 내게 하소연을 한다. 요즘 젊은이들은 자기들이 바쁘다는 핑계로 부모를 찾아오는 것보다 부모가 자신들을 찾아오길 바란다는 것이다. 부모에게 양보할 수 없이 바쁘다는 일과에는 영화, 콘서트, 친구 파티, 휴가 즐기기 등이 포함되었다. 얀은 젊은 시절 자주 부모님을 찾아뵈러 갔고, 때론 집에 모

축구 광팬인 얀과 제프와 2009 챔피언스리그 결승전을 보았다.

셔오거나 모셔다드렸으며, 영화나 콘서트보다 자녀 돌보는 일에 시간을 다 바쳤는데, 그 자식들은 자신의 스케줄에 부모가 맞춰주기를 바란다는 것이다. 때론 자식들의 이런 야속한 마음 씀씀이가 서운하다는 얘기다.

나도 내심 움찔했다. 내 새끼 키우느라, 일 하느라 바쁘다는 구실로 나 또한 내 부모의 마음을 헤아리지 못했다. 새삼 돌아가신 부모님이 그립고 송구스러워 가슴이 저려왔다. 그렇게 키운 내 새끼들도 결혼하면 제 새끼들 키우느라 그렇게 되겠지. 잊었던 조영남의 노래가 떠올랐다.

"세상만사 둥글둥글 호박 같은 세상, 돌고 돌아…돌고 도는 물레방아 인생."

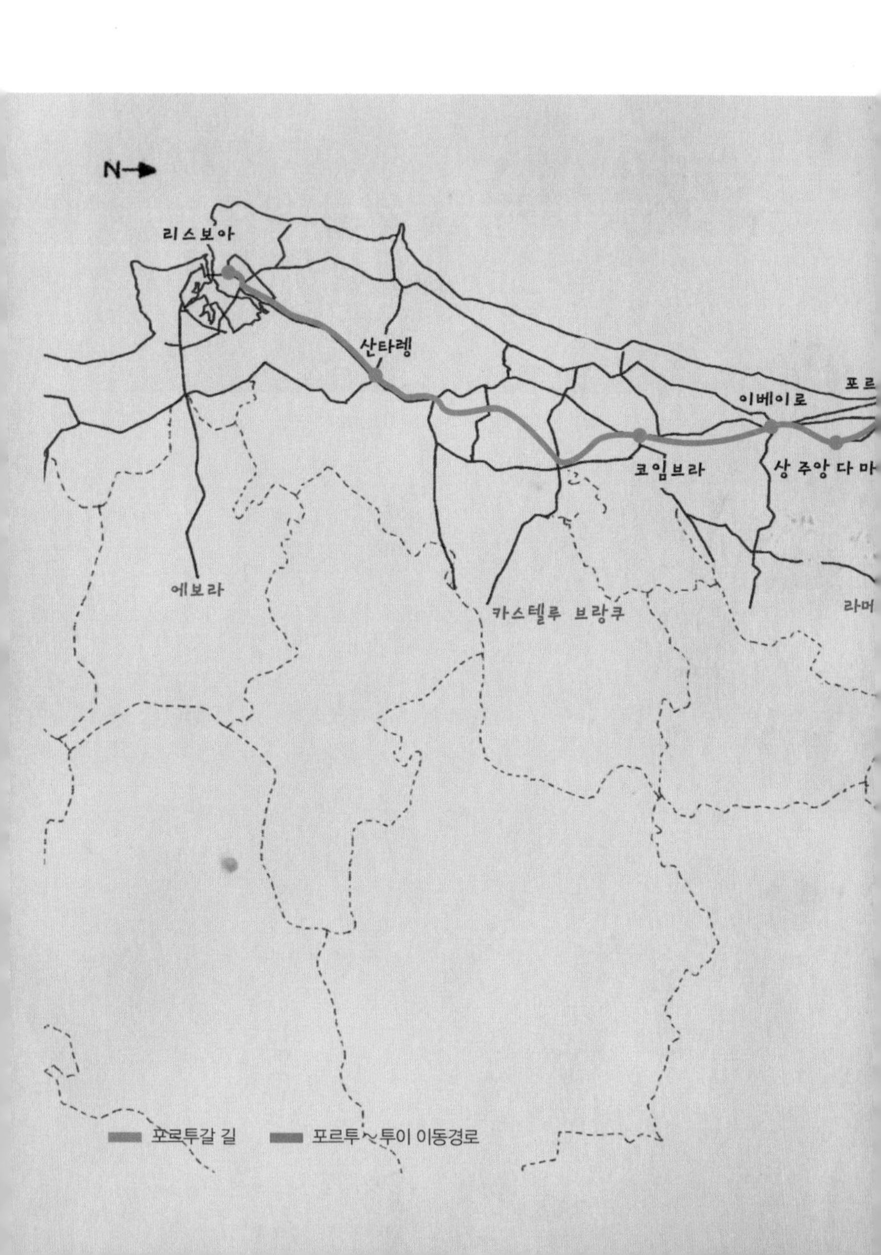

N
리스보아
산타렝
포르
이베이로
코임브라
상 주앙 다 마
에보라
카스텔루 브랑쿠
라메
포르투갈 길
포르투~투이 이동경로

포르투~투이

Day 18 ~ 22

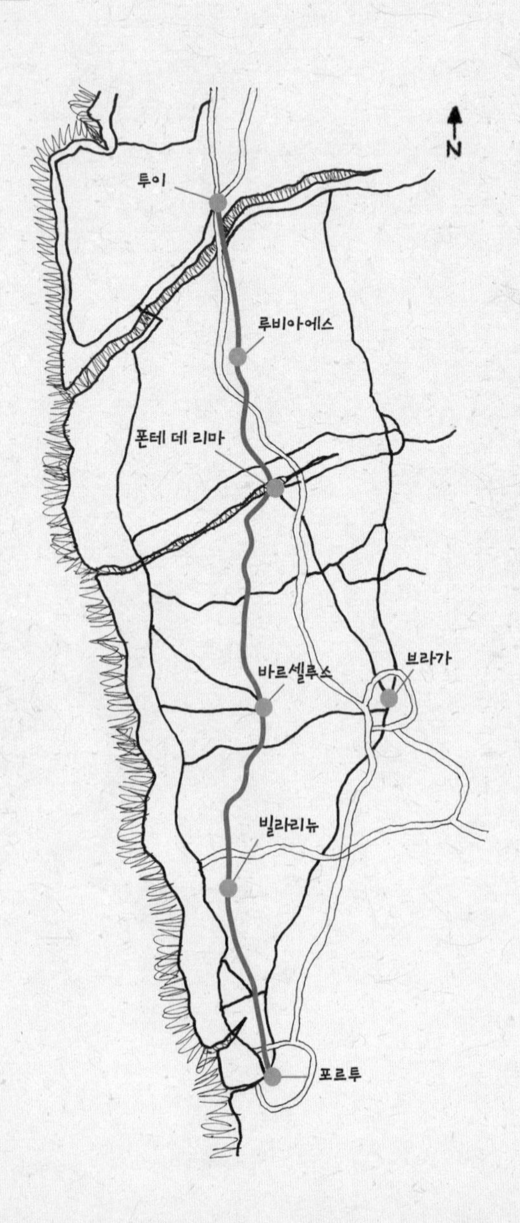

Day 18

포르투 → 빌라리뉴(25.3km)

Porto ⟶ Villarinho

위험천만 돌담길

포르투에서 산티아고로 출발하는 순례자들이 많다고 들었다. 그러나 아직 이런 순례자들을 만나지는 못했다. 우리가 바르셀루스 코스로 걷는 지도를 받았을 때 인포메이션의 안내자는 도심을 걸어 통과할 것인지 외곽에서 출발할 것인지를 물었다. 도심 어느 곳에서 버스나 기차를 타고 외곽의 어느 곳에서 내릴지를 일러주려고 한 것이다. 우린 당연히 걷는 쪽을 택했다. 길고 긴 포르투의 도심을 걸어서 빠져나가는 동안 걸어가는 순례자는 한 사람도 만나지 못했다.

어느 마을을 지날 때였다. 운동장에서 뛰어놀던 아이들이 우리 일행을 보고서 철조망에 오종종 매달렸다.

"알로! 알로! 페레그리노! 따봉! 따봉! 보아 뷔아젱!"

그렇게 환호성을 지르며 격려해주니 땡볕 아래서 세 시간을 걸어온 피로가 싹 날아가는 게 아닌가.

마을길을 지나는 곳곳에는 지역명과 문장이 있는데, 문장에는 그 지역의 특성이 그려져 있다. 그 지역에 유서 깊은 교회가 있으면 교회를, 성인의 전설이 있으면 성인을, 옥수수와 포도재배 지역이면 옥수수와 포도를, 공장지대면 공장을, 강이 있으면 강과 배를 그려두는 식이다. 이렇게 재밌는 문장과 아줄레주를 사진으로 찍어 모으며 걷는 것도 이번 여행의 또 다른 묘미다. 포르투갈 길은 아줄레주의 전시장이자 박물관으로, 날마다 새로운 아줄레주와 문장을 발견하는 재미가 컸다. 포르투는 물론 포르투를 지나서도 곳곳에 과거 부귀영화의 위용을 뽐내는 건물들이 남아 있었다. 어느 곳에는 파사드만 남아 웅크려 앉아 소리 없이 한숨 쉬는 것 같았다.

"나도 한때는 잘 나갔거든…."

쇠락한 어느 시골 노인의 조용한 넋두리가 들리는 듯한 분위기다.

오늘도 걷는 것이 너무 힘들다. 얀과 제프가 없다면 걷기를 포기하고 버스를 타고 싶은 심정이었으나, 얀과 제프는 목적지까지 기어코 걸어가야 한다는 투철한 원칙의 순례자들. 절뚝거리며 더디게 따라 걷는 나를 챙겨주는 정성에 꾀를 부릴 엄두도 못 내고 잠자코 따라 걸었다.

특히 지앙Gião에서 빌라리뉴로 가는 길은 매우 위험했다. 좁은 도로는 굽이굽이 강물 흐르듯이 휘어졌고 양쪽에 허리높이의 담이 세워져 있었다. 굽이진 곳에서는 그 담 때문에 차가 보이지 않았다. 물론 운전자도 보행자를 볼 수가 없다. 돌로 쌓은 담은 오랜 역사가 있는 것 같다. 그 안쪽은 옥수수밭이다. 이제껏 포르투갈 길에서 본 차들은 도보여행자에게 호의적이어서 순례자들을 보면 속도를 줄였는데, 어찌 된 일인지 이 도로에서는 속도를 줄이지 않고 냅다 달렸

escola E.B. 1º ciclo
centro social
Rancho S. Salvador
ginásio e ringue
ABRIGO PEREGRINOS
SOCIEDADE COLUMBOFILA
DE MACIEIRA

다. 아마 잘 보이지 않아서 그런 것이리라. 아무튼 아주 위험했다. 앞뒤에서 오는 운전자의 눈에 잘 띄도록 길을 이리저리 건너다니며 갔다. 어떻게 보면 길을 잘못 들어 걸었던 하이웨이보다 더 위험했다. 담 안쪽에 있는 옥수수밭 가장자리를 따라 걷도록 길을 내주면 좋으련만…. 투덜투덜, 터벅터벅, 투덜투덜, 조마조마….

포르투에서 시작하는 카미노

빌라리뉴에 들어서니 마을센터 우측에 알베르게를 알리는 화살표시가 보였다. 그곳을 찾아가니 학교 안에 있는 시설이었다. 알베르게가 잠겨 있어 어떻게 들어가야 할지, 어디서 안내를 받아야 할지 몰라 서성대는데 쉬는 시간을 알리는 종이 울리더니 아이들이 교실 밖으로 뛰어나왔다. 뒤따라 나온 선생님이 알베르게 열쇠는 약국에 있다고 알려주셨다. 우리가 방금 지나쳐온 약국이다. 얀이 대표로 약국에 가서 열쇠를 받아왔다. 알베르게에는 네 명이 잘 수 있는 침대가 놓여 있었는데 우리가 도착한 뒤에 세 명의 순례자가 더 왔다.

남은 침대가 하나뿐이라 걱정했지만, 수업을 마친 선생님이 우리가 갖고 있던 열쇠 꾸러미를 들고 가 실내체육관 문을 열어주었다. 그러니까 학교 체육관에서도 잠을 자도록 해둔 것이었다. 시간이 좀 지나자 두 명의 독일 아가씨가 땀에 흠뻑 젖어 들어왔고 얼마 뒤에 중년의 프랑스 커플까지 도착했다.

처음으로 한 공간에 많은 순례자가 모였고 빨랫줄에 빼곡하게 옷이 널려 바람에 펄럭이는 게 제법 알베르게 분위기가 났다. 수업을 마친 초등학교 1, 2학년쯤의 아이들이 그늘에서 쉬고 있는 내게로

와 장난을 건다. 아이들이 낯선 사람을 대하는 방법이 제각각이다. 외교적인 경우, 사교적인 경우, 공격적인 경우까지.

한 여자 아이는 진지하게 날 바라보며 어디서 왔는지를 차분히 물었다. 내가 무슨 말인지 알아듣지 못하자 "중국 사람이냐?"고 물어서 "한국에서 왔다"고 하니 고개를 끄덕인다. 또 다른 아이가 살금살금 다가와 수줍게 바라보기에 "봉 지아~"라고 인사하니 "보아 타르지~"라며 까르르 웃곤 냅다 내뺐다.

또 다른 아이는 좀 떨어진 곳에서 나를 노려보고 있더니 갑자기 소리를 지르며 달려와 발로 차는 흉내를 내곤 모래를 뿌리고 도망갔

빌라리뉴에는 학교 안에 알베르게가 있었다.

다. 낯선 이를 대하는 태도가 공격적이다.

어린 시절 처음으로 군복을 입은 키 큰 아프리카계 미군을 보고 두려움에 멀찌감치 떨어져 살금살금 걸어갔던 기억이 났다. 내게도 그렇게 낯선 데서 오는 두려움이 있었던 것이다. 공격적으로 낯선 사람을 대하는 저 어린 녀석도 익숙하지 않은 것에 대한 거부 혹은 두려움을 나름대로 표현한 것이리라. '아이야! 험난한 대양을 건너 낯선 세계로 거침없이 탐험의 길을 떠났던 사람들이 너희 조상이니라. 작은 쉼터에 앉은 낯선 이를 향해 발길질하는 부끄러운 짓은 부디 그만두거라.'

저녁이 되자 학교의 작은 체육관으로 마을사람들이 모여들었다. 신나는 음악이 울리기 시작하더니 다들 에어로빅을 하기 시작했다. 그곳에 잠자리를 잡은 7명의 순례자들은 주민들과 어울려 같이 춤을 추거나 밖으로 나와 운동장 벤치에 앉아 쉬면서 시간을 보냈다. 오늘 이곳에 모인 순례자들은 모두 포르투에서 출발했다. 버스를 타고 도심을 빠져나와 여기서 약 12km 떨어진 마이아Maia에서부터 걸었다고 한다.

독일 아가씨들은 휴가를 이용해 산티아고로 간 뒤 코루나로 가서 놀다가 돌아갈 것이고, 중년의 프랑스 커플은 포르투에서 버스를 타고 아예 이곳까지 왔다고 한다. 이들도 도보여행 경력은 상당한데, 아를에서 출발하여 생장까지 걸었고, 다음 해엔 프랑세스를, 그다음 해엔 비아 델 라 플라타를 걸었다는 것.

포르투에서 버스를 타고 마이아에 내려서 걸어온 캐나다 아줌마들은 장거리 도보여행을 떠나 낯선 곳을 헤매는 게 육체적으로는 힘들지만 단순하게 사는 법을 배우고 정신이 상쾌해지는 즐거움이 크다면서, 매년 장거리 도보여행 코스를 찾아 여행을 한단다. 캐나다인

순례자들의 옷이 빨랫줄에 빼곡하게 널려 있다.

들에게 한국인과 한국의 문화는 생소하지 않지만, 카미노 프랑세스에서 그렇게 많은 한국인을 만날 줄 몰랐다고 한다. 나 역시 프랑세스 길, 북쪽 해안길, 비아 델 라 플라타를 걸으며 캐나다 도보여행자들을 자주 만났었다. 이 아줌마들에게 캐나다의 철도를 타고 핼리팩스에서 밴쿠버까지 가는 기차여행을 한 내 경험담을 얘기하니 놀라워한다.

남산 밑에 사는 사람이 남산에 올라가본 적이 없는 것처럼 이들은 내가 그렇게 즐겁게 타고 다닌 캐나다의 기차여행은 해보지 않았다고 한다. 고등학교 동창이면서 토론토에 같이 사는 이 아줌마들은 수학여행을 온 듯 즐겁게 빌라리뉴의 하룻밤을 즐기고 있다.

Day 19

빌라리뉴 → 바르셀루스(27km)

Vilarinho → Barcelos

오, 안토니오! 오, 안토니오!

빌라리뉴를 벗어나는 한 시간 동안도 길은 위험했다. 차가 어찌나 쌩쌩 달리는지! 담장 안 옥수수밭 가장자리가 계속 탐났다. 담이라도 없었다면 얼른 저 밭두렁 길을 따라갈 텐데….

이 지역은 아마도 영주의 저택이 많았던 것 같다. 낡았지만 예사롭지 않은 대저택이 듬성듬성 남아 있었다. 이 담들도 영주의 밭이었거나 가축을 키웠던 울타리였거나, 영지의 경계였을지도 모른다.

준케이라Junqueira를 지나면서부터는 차도에서 벗어난 길을 걸을 수 있었다. 마치 살아 있는 것처럼 죽은 뱀을 길가에서 두 번씩이나 보게 되어 기절초풍하는 소리를 질러대니, 제프가 "죽은 뱀이 놀라서 살아나겠다"며 너스레다. 상처 없이 죽은 뱀은 더 으스스했다. 왜 저렇게 슬며시 목숨줄을 놓았을까? 살충제? 심장마비? 뱀도 무서웠고, 죽음도 무서웠다.

상 페드루 데 헤테스를 지나며 새로운 사람들을 만났다. 포르투에서 버스를 타고 이곳 상 페드루에서 내려 하룻밤 자고 출발하는 독일 아줌마 둘과 프랑스 히피 커플이다. 독일 아줌마들의 배낭은 야무졌지만 히피 커플의 17kg짜리 배낭은 엉성하기 짝이 없었다. 남자는 거기에 2.7kg의 텐트까지 짊어졌다. 주로 야영을 하는 사람들이다. 여자는 민소매를 입고 배낭을 멨는데 그것도 한쪽으로 치우쳐서 뒤에서 바라봐도 한심하다. 둘 다 어찌나 골초들인지. 이 둘은 가다 힘들면 적당한 곳에 텐트를 치고 머문다는 것이다. 전체적으로 모양새가 산만하긴 했다. 하지만 '세상 꼬일 게 뭐가 있겠어, 사는 대로 그냥 살아보는 거지'라는 히피 특유의 꾸밈없는 여유로움으로 편안해 보였다.

상 페드루의 이글레시아Iglesia Romanica de São Pedro de Rates는 12~13세기에 기존의 수도원 안에 고딕 양식으로 지은 교회다. 수도원으로 마을이 형성되어, 예부터 오가는 순례자가 많았으리라. 거기서 제대로 된 알베르게를 처음 보았다. 미리 알았더라면 여기서 하루 묵어가는 일정을 짰을 텐데. 멀쩡한 알베르게를 뒤로하고 지나치자니 어찌나 아쉬운지….

한낮의 열기로 숨이 턱턱 막혔다. 얀은 자기가 가진 정보에 따르면 조금 더 가면 이 포르투갈 길에서 제법 유명한 레스토랑과 주인장 안토니오를 만날 수 있다며 제프와 날 격려했다. 우리는 장난스레 "오, 안토니오! 오, 안토니오!"를 연발하며 길을 걸었지만 안토니오는 너무 멀리 있었다. 드디어 도착한 안토니오의 레스토랑. 시원한 실내에 들어서니 서글서글한 인상의 안토니오가 우리를 반겼다. 그

는 이곳에 들르는 순례자들의 사진을 찍어 방명록에 붙여 기록으로 남겼다. 그 기록들이 이 집을 다녀간 이들에 의해 구전으로 전해져 유명해진 것이다. 맛있는 음식과 친절한 접대, 그리고 작은 이벤트는 지나는 나그네를 기쁘게 한다. 그들이 돌아가 포르투갈 길을 소개하며 이곳을 '강추'하는 것은 당연하다. 마침 점심을 먹으러 온 인부들로 북적대는 레스토랑에서 맥주를 곁들여 식사를 했다. 안토니오의 이벤트인 사진 찍기와 함께 방명록에 글을 남기고 잠시 더위를 피한 후 길을 재촉했다.

영화배우만큼 잘생긴 외모와 몸이 좋은 청년 둘이 도로에 돌 심는 작업을 하고 있었다. 땡볕 아래 엎드려 정성껏 세심하게 작업하는 모습을 보니 차가 그렇게 많이 다녀도 한쪽이 함몰되거나 빠져나오는 일 없이 반듯하게 유지되는 이유를 알 것 같다. 꽃미남인데다 치밀하게 돌을 심는 장인의 자세까지 갖추었으니, 그 솜씨에 후한 점수를 주지 않을 수가 없다.

포르투갈의 또 다른 상징, 수탉

리오 카바도의 다리를 건너 바르셀루스에 도착했다. 다리 건너 첫 번째로 보게 되는 것은 왼편으로 화려하게 장식한 수탉과 오른편의 이글레시아다. 성인들의 이야기를 흰색과 청색 아줄레주로 장식한 교회 내부는 포르투 대성당보다 더 화려했다. 카메라를 꺼내니 어둠 속에서 아저씨 한 분이 나와 마치 옐로카드를 꺼내는 축구 심판처럼 손을 들어 경고한다. 사진 찍기는 금물. 마음에 담아두고만 가시라.

마을의 중심에 들어서니 곳곳에 수탉이 세워져 있다. 포르투갈의 대표적 기념품 중 하나인 수탉이다. 그 수탉의 전설이 바로 이 고장 바르셀루스에서 생겨났다. 14세기경의 일이다. 한 스페인 사람이 이 길을 통해 산티아고로 성지 순례를 가던 중 이 마을에서 머물게 되었다. 숙소의 가정부가 그에게 첫눈에 반했지만 순례자는 그녀의 마음을 거절했다. 분노에 찬 그녀는 그의 소지품에 은제품을 집어넣고 도둑으로 누명을 씌워 고발했다. 재판을 받게 된 그는 교수형에 처해지게 되었다. 그는 재판관이 식사하려던 그릇에 담긴 구운 닭이 자신이 죽기 전에 살아나 자신의 무죄를 증명해줄 것이라며 마지막 변호를 했다.

그러자 닭이 살아나 꼬꼬거리며 날아서 그의 결백이 증명되어 자유의 몸이 되었다는 것이다. 그는 계속 성지 순례를 떠났고, 산티아고에 도착하여 자신의 무사함에 대한 감사와 영광을 산티아고 성인에게 돌렸다. 그는 다시 바르셀로스로 돌아와 수탉을 만들어 기증을 했다고 한다. 이 전설은 수탉과 함께 진실과 정의가 항상 승리한다는 상징으로 사랑받는다.

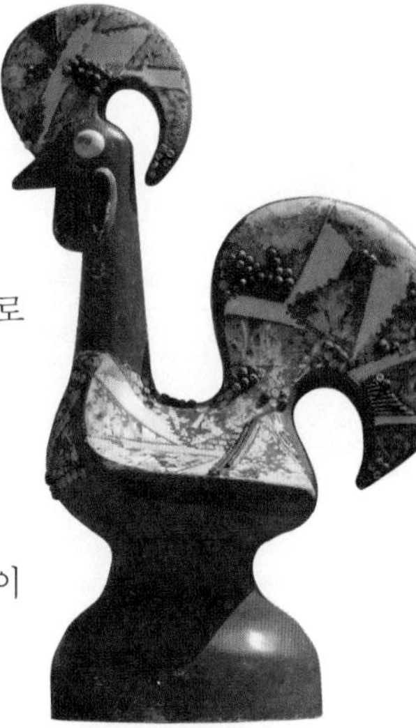

이 전설은 스페인 산토 도밍고 데 라 칼사다의 전설과 비슷하다. 그때의 독일 순례자는 죽었다 다시 살아난 것이 다르지만. 그곳에서는 순수를 상징하는 흰 닭이 상품화되고 이곳 바르셀루

Sá Cortinas

스의 수탉은 대단히 화려하다. 포르투갈 특유의 도자기 기법인 아줄레주로 화려하게 장식되어 있었다. 난 이곳 바르셀루스의 수탉이 더 좋다. 어찌나 멋진지. 이 수탉의 장식에는 포르투갈의 색이 모두 들어 있는 것 같다.

유럽에는 닭의 전설이 많다. 예컨대 프랑스의 국조는 수탉 르코크다. 프랑스인들에게 수탉은 용감함의 상징이다. 그래서 프랑스의 유명한 스포츠용품 회사에서 르코크를 이름과 로고로 사용하기도 한다. 닭은 성서에서 예수의 제자 베드로와 인연이 깊다. 예수가 대제사장에게 잡혀갔을 때 베드로는 예수를 세 번이나 부인했다. 닭의 울음소리를 듣고 베드로는 통곡하고 정신 차리는 일이 일어난다(「누가복음」 22장, 54~62절).

이런 이유로 성직자는 이 수탉처럼 힘차게 울어대 사람을 깨워야 한다는 의미로, 또 밤의 악마를 쫓아내는 힘이 있다고 하여, 유럽의 풍향계 꼭대기마다 수탉이 매달려 있게 된 것이다. 유럽 골목길의 기념품 가게에서는 다양한 수탉이 손님을 기다린다. 많은 사람이 이 수탉을 데리고 가 거실이나 정원 곳곳에 풀어놓는 것이다.

바르셀루스 광장을 산책하다 재밌는 광경을 보게 되었다. 한 중년의 남자가 재빠른 걸음으로 도망가고 그의 뒤를 한 여자가 엉엉 소리 내어 울면서 쫓아가는 것이다. 울면서 틈틈이 담배도 피우다가 도망가는 남자의 이름을 부르며 쫓아가는 여자의 모습이 너무 희극적이다. 이들은 광장의 분수가 춤을 추듯 솟아오르는 긴 물의 정원을 따라 도망가고 뒤쫓으며 뱅글뱅글 돌았다. 이들에게 수탉의 울음소리는 언제 들리게 될까.

Day 20

바르셀루스 → 폰테 데 리마(34km)

Barcelos → Ponte de Lima

제프와 킴의 물집 수난기

오늘도 갈 길이 멀다. 땡볕의 포로가 되지 않으려고 다른 때보다 더 일찍 출발했다. 숙소를 나와 걸어가는데 뒤쪽에서 중년 여인이 빠른 속도로 씩씩하게 걸어올라오고 있었다. '어허, 힘차게도 걷네. 어째 무리하는 것 같은데….' 그 뒤로 마라톤 복장에 배낭을 멘 아저씨가, 그다음엔 키 크고 마른 아저씨가 낭창낭창 걸으며 뒤따라 오르고 있었다. 반가운 마음에 기다리고 섰다 인사를 하니 여인은 대꾸도 않고 앞서갔다. 뒤따르던 아저씨가 앞서가는 그녀를 보며 자랑스럽게 말했다.

"내 아내예요. 잘 걷죠?"

아저씨의 복장은 참으로 얄궂다. 마라톤 팬티가 짧아도 너무 짧아 쳐다보기 민망할 지경이다. 제프가 못 봐주겠다는 듯 손사래를 쳤다. 이들이 앞서간 길을 따라 바르셀루스를 빠져나갔다.

포르투 이후로 내 발에는 매일 새로운 물집이 생기기 시작했다. 제프의 발도 아문 물집, 아물어가는 물집, 새로운 물집으로 가득했다. 두 시간쯤 걸었을까? 앞서 씩씩하게 가던 여인이 뒤처지기 시작했다. 다시 웃으며 명랑하게 인사를 건넸지만, 인사는 고사하고 웃지도 않고 사람 대하길 데면데면하며 얼굴을 마주치려 하지도 않는다.

얀이 남자에게 물으니 두 사람은 독일의 베를린 근처에 살고, 다른 아저씨 한 분은 오스트리아에서 온 사람으로 길에서 만난 사이라고 한다. 그런데 그늘에 서서 잠시 이야기를 나누며 뒤처진 여인을 기다리는 사이, 키 큰 독일 아저씨가 내 머리를 위에서 찍어눌렀다. 그 몸짓이 어찌나 거북스러운지 나도 모르게 손을 들어 도둑놈 같은 아저씨의 손목을 탁 치며 피했다. 옆에 있던 제프가 내 눈치를 읽고 얼른 거들어주어 자리를 피하고는 어색함을 웃음으로 마무리한 뒤 길을 떠났다.

길에서 휴식을 취할 때마다 이들과 만나게 되었다. 남편 되는 양반은 자꾸만 처지는 여인이 이제는 자랑스럽지 않은 것 같았다. 더위에 두 사람 모두 지쳐 제 몸 간수하고 가는 것도 힘들어 보인다. 아직 이들은 길이 익숙하지 않은 것이다. 그런데 무리해서 걸었으니 더 힘들 것이다. 이 일행은 포르투에서 차를 타고 상 페드루에 와서 묵은 뒤, 어제 처음 15km를 걷고 오늘이 이틀째라고 했다. 그러니 기운이 넘칠 법도 했으나, 그만 오버페이스를 하는 바람에 걷기가 버거워진 것이었다. 며칠씩 도보여행을 하려면 무엇보다 자신만의 길을 걷는 리듬을 터득해 익숙해져야만 한다.

걸을 때마다 새로 물집이 부풀어오르는 게 느껴진다. 참으로 이상

하네. 이전에는 이런 적이 없었는데…. 발등도 아파서 힘겨워하니 앞서가던 얀이 걱정스런 얼굴로 물었다.

"헤이, 킴! 발 어때? 많이 안 좋아?"

"그러게요. 앞으로 더 큰 영광을 느낄 것 같아요."

"하하. 무지 아프단 말씀이군."

"제프와 난 산티아고에 도착하면 얀보다 더 큰 영광을 느낄걸요."

"맞아. 물집 없이 걷는 사람하곤 다르지."

제프가 맞장구를 쳤다.

아, 그 독일 아저씨구나!

마을을 벗어나는 언덕길에서 아줌마 두 분을 만났다. "봉 지아!"라고 인사하니 "보아 타르지!"로 대답하고, "프라제르 잉 코네셀라!" 만나서 반가워요라고 하니 어디서 왔는지 물었다. 코레아라고 대답하니 포르투갈 말을 잘한다고 칭찬하셨다. 그제야 손에 쥐고 있던 포르투갈 인사말 메모를 보여주니, 소리 내어 읽어본 뒤 또 웃는 두 분. 언덕길을 힘들게 오르니 두 아줌마가 양쪽에서 내 배낭 귀퉁이를 잡아 들어올려 언덕 끝까지 나를 밀어주셨다. 내 무거운 몸에 날개가 되어주신 것이다. 따뜻한 마음에 몸이 한결 가벼워지는 느낌이었다.

"아테로구! 시뇨라!"

밭에서 농사를 짓는 모녀와도 대화를 나누고 트랙터를 끌고 가는 할머니·할아버지께도 짧게나마 인사를 하며 대화를 나누고 간다. 오늘따라 길에서 대화할 수 있는 마을 사람들을 많이 만났다.

다섯 마을을 통과하는 동안 결혼식을 두 번이나 보았다. 길일인가.

밭에서 농사를 짓는 모녀와도 즐겁게 인사를 나눴다.

그런데 내 몸은 계속 경련에 시달렸다. 여기저기서 쥐가 나는 느낌이다. 다른 때보다 더 자주 쉬면서 몸의 상태를 조절하며 가는데 왜 이리 갈 길이 먼지. '폰테 데 리마, 1km'라는 이정표를 보니 왈칵 눈물이 났다. 아무리 느리게 걸어도 30분이면 도착할 것이었다. 알베르게 표시는 더 반가웠다. 그러나 폰테 데 리마의 센트로까지는 2.3km나 더 가야 했다.

알베르게는 다리 건너였다. 얀과 제프에게 먼저 알베르게로 가라고 한 뒤 약국을 찾으러 교회 옆을 지나는데 왁자하니 즐거운 풍경이 펼쳐졌다. 잘 차려입은 하객들이 결혼식을 마치고 나오는 신랑신부에게 쌀을 던지고 테이프 폭죽을 쏘며 전통 세리머니를 하는 것이었다.

약국은 가까운 곳에 있었다. 반창고와 근육통에 붙이는 파스를 산 뒤 알베르게로 갔다. 알베르게 앞에서 배낭을 메고 서성거리는 얀과 제프. 문제가 생겼다. 알베르게는 아무런 정보도 없이 문을 닫아놓았고 주변의 사람들도 언제 문을 여는지 모른다는 것이다. 나중에 알고 보니 그 알베르게는 6월이 되어야 문을 연다고 했다. 다시 다리를 건너와 근처의 레지덴시알로 들어갔다.

물집이 또 생기고 발등이 퉁퉁 붓고, 발이 총체적 난국에 빠졌다. 학창시절 교련시간에 왜 이런 교육을 받아야 하는지 모르겠다며 투덜거리며 따라했던 응급처치법인 삼각끈 사용법, 붕대 감기, 부목을 이용한 처치법 같은 것이 오늘 요긴하게 도움이 되었다. 약국에서 산 테이프로 발목까지 붕대를 감았다. 제프는 오늘도 물집이 새로 생겼다. 발의 옆면만 빼고 곳곳이 물집투성이였다. 씻고 난 뒤에 물집 치료를 하는 게 일과가 되었다.

저녁식사 때까지 잠을 잤는데, 온몸이 쥐가 나는 것처럼 계속 떨려 잠을 설쳤다. 저녁 무렵 폰테 데 리마의 작은 레스토랑 골목에 순례자들이 모였다. 용감하게 걷다 퍼져버린 독일 아줌마와 아저씨는 길에서 헤어졌는지, 폰테 데 리마 골목을 헤매며 서로를 찾아다녔다. 다른 순례자들이 이들에게 그냥 다리에 앉아 기다리면 만날 것이라고 얘기를 해줘도 서로 뱅글뱅글 찾아 돌아다니더니 결국 엇갈려 찾지 못해 경찰의 도움으로 만나는 해프닝을 벌였다. 캐나다 아줌마들도 잘 걸어와 포도주로 진수성찬을 즐기고.

이곳에서 툭 튀어나오듯이 만난 독일 하노버 아가씨 안나도 혼자만의 시간을 즐기며 저녁을 먹고 있다. 식사를 하러 레스토랑 길가에 펼쳐놓은 테이블에 앉아 있는데 옆 테이블에서 홀로 식사를 하던 아저씨 한 분이 반갑게 아는 척을 하며 술잔을 들어올렸다. 순례자로 만난 반가움의 표시다.

그런데, 가만가만, '아, 그 독일 아저씨구나!' 자랑스레 여러 장의 크레덴셜을 보여주며 자신의 화려한 순례 이력을 설명하던 이 분을 난 분명히 기억한다. 비아 델 라 플라타를 걸을 때 같은 알베르게에서 여러 번 만났던 사람이다. 아코디언 주름처럼 접은 크레덴셜을 자랑했던 분, 무엇보다 지나친 포도주 사랑으로 마신 양보다 더 많이 옷에다 실례를 하셨던 분. 하하하, 세상 참 좁다. 이렇게 두 해에 걸쳐 같은 시기에 카미노에서 만나다니. 난 그분께 그를 기억한다는 말을 하지 않았다. 그분이야 기억하는지 못하는지 알 수 없지만, 내가 기억하는 그의 부끄러운 실수 때문이다. 여전히 길에서 인생을 즐기시는 분이지만 부디 술은 자제하시옵기를.

RIO
LIMA

Day 21

폰테 데 리마 → 루비아에스(18.2km)

Ponte de Lima → Rubiães

포르투대학 카미노 팀

폰테 데 리마를 벗어나는 길은 부드러운 흙길이어서 걷기에 편했다. 아름다운 숲길을 따라가다 처음 만난 카페가 있는 마을 아르코 Arco에서다. 예사롭지 않은 차가 한 대 도착했다. 차에는 커다란 조개 로고가 그려져 있었고, '제2회 카미뇨 포르투-산티아고 콤포스텔라, 2009'라 쓰여 있었다. 차에서 두 명이 내리는데 개구쟁이 악동 포즈의 브루스 윌리스를 닮은 아저씨 한 분과 잘생긴 청년이었다.

로고를 보니 순례자를 돕는 봉사자들 같아서 슬그머니 다가가 물어보았다. 잘생긴 청년은 무선기로 계속 대화를 나누고 악동 아저씨가 영어로 대답해주셨다. 아저씨의 이름은 파울리뇨. 제2회 포르투-산티아고 걷기는 포르투대학에서 운영하는 프로그램으로, 참가자들은 포르투대학의 학생, 졸업생, 교직원의 가족들이다. 포르투대학 홈페이지를 통해 접수를 받는데 참가비는 100유로로 숙소, 음식, 의료가 지원된다. 일행은 어제 바르셀루스를 출발해 폰테 데 리마의 학교 체육관에서 자고 오늘은 국경마을인 발렌사까지 간다고 한다. 폰테 데 리마-발렌사는 약 35km에 이른다. 발렌사에서 차를 타고 포르투로 돌아간 뒤, 다음 행사 때 다시 발렌사에서 산티아고로 가는 일정을 소화할 예정이라고.

파울리뇨는 사고로 목과 가슴으로 이어지는 곳에 대형 수술 자국이 있었고 다리를 다쳐 지팡이에 의지해 걸었다. 말도 더디게 했다. 그는 폰테 데 리마에서 이곳까지는 차를 타고 왔지만 이제부터는 걸어서 산을 넘을 것이라고 한다. 열심히 전화와 무전기로 일행과 대화를 나누는 이는 팀 닥터인 베르나르도 고메스. 이 두 사람이 포르투대학 도보팀의 운영진인 셈이다.

길에서 다시 만날 수 있을 것을 약속하며 우리가 먼저 길을 떠났다. 길은 이내 경사가 급한 산길로 이어졌다. 불편한 걸음으로 뒤따라 오를 파울리뇨가 걱정되었다. 카미노 프랑세스의 철십자 돌무덤처럼, 이 길에도 십자가 돌무덤이 만들어지고 있는 곳을 지났다. 얀과 제프가 돌을 던지며 덕담을 하고 갔다. 산 정상에서 카미노 노르테비스케이만을 따라 이어진 산티아고 가는 길를 마

포르투대학 도보팀의 운영진인 파울리뇨는
사고로 다리를 다쳐 지팡이에 의지해 걷는다.

치고 포르투로 놀러가는 프랑스 젊은이를 만났다. 새카맣게 그을린 얼굴에 눈빛만 반짝였다. 가파른 정상을 오르고 나니 내려가는 길도 가파르게 펼쳐졌다. 그래도 걷기에 즐거운 코스다.

2km 앞에 알베르게가 있음을 알리는 노란색 화살표가 길바닥에 그려진 곳에서 하노버 아가씨가 쉬고 있었다. 큰 키에 성큼성큼 걷는 그녀는 지친 기색이 없다. 그녀는 루비아에스의 알베르게로 가는 도중 상 로케에 있는 레지덴시알로 들어갔다. 수영장이 딸려 있는 곳인데 그곳에서 수영복을 입고 선탠을 즐겨보겠다는 것이다. 얀이 갖고 있는 정보로는 상 로케의 레지덴시알보다 루비아에스의 알베르게가 더 좋다고 하니, 우린 알베르게로 간다!

걷는 리듬에 취해, 술에 취해

문이 열린 알베르게에 들어서니 먼저 온 사람들이 있었다. 잘 차려진 식탁과 화려한 음식들! 마치 출장 뷔페를 부른 듯했다. 대체, 누굴 위한 것? 아마도 길에서 만난 포르투대학 카미노팀을 위한 점심일 것이다. 순례자로서는 우리가 일등이다. 먼저 자리를 잡고 샤워와 빨래를 마친 뒤, 뷔페 상차림에는 차마 손길은 주지 못하고 눈길로만 스윽 입맛 다신 뒤 레스토랑으로 갔다. 레스토랑은 제법 멀었다. 만일 이 알베르게의 문이 닫혀 있다면 그 레스토랑으로 가서 열쇠를 받아와야 한다.

느긋하게 소고기 숯불구이를 먹고 알베르게로 돌아오니 오찬의 주인공들이 도착하여 식사를 즐기느라 시끌벅적하다. 파울리뇨가 나를 불러 식사에 초대했으나 이미 배부른 상태다. 파울리뇨에게 산의 경사가 심해 걱정을 했다고 하니 오른손을 펴서 보여주는데, 물집이 커다랗게 부풀어 있었다. 다리가 불편해 힘든 언덕을 지팡이에 의지해 걸은 탓이었다.

그의 일행은 술도 이미 과하게 마신 듯했다. 빈 포도주 병이 벌써 열댓 개가 넘는다. 게다가 위스키까지! 아직 갈 길이 멀 텐데, 저렇게 마셔도 괜찮을지. 이들은 포르투에 대한 자부심이 넘쳐서, 내게 포르투를 알리려는 설명들이 앞을 다투었다. 모두 FC포르투의 열성팬

포르투대학 카미노팀이 FC포르투에 대해 앞다투어 설명하고 있다.

이다. 산타렝에서 선물받은 FC포르투 수건을 보여주며 나도 그들의 열의에 흥을 보탰다.

일행의 대부분은 식사를 마치고 알베르게 마당에 매트리스를 깔고 잠깐 낮잠을 즐겼다. 약 세 시간 정도 점심식사와 휴식을 한 후 그들은 다시 출발했다. 일행 모두 형광색 안전조끼를 입었고, 옆구리에는 간단한 소지품을 넣는 용도로 쓸 것 같은 작은 주머니를 달았다. 출발에 앞서 인원을 점검한 뒤 모두 조용하게 인도자인 닥터 베르나르도를 따라 안전을 위한 기도를 하고 손을 잡고 노래를 불렀다.

작년에도 걸었다는 마누엘 핀토. 그는 유쾌한 사람이다. 하긴, 도보여행을 즐기는 사람치고 유쾌하지 않은 사람은 없으니, 어쩌면 걷기가 사람을 유쾌하게 바꾸어 놓는 건지도 모를 일이다. 마누엘이 내 손을 끌어 일행과 함께 손을 잡게 되었다. 떠나기 전 마누엘 핀토는 팀과 상의를 하여 내게 선물을 주기로 했다며, 모두가 보는 데서 제2차 포르투-산티아고 2009년의 기념패를 주었다. 따봉!! 일행은 함성 한 번 기운차게 지른 뒤, 장대를 높이 치켜든 마누엘의 뒤를 따랐다. 그의 옆구리에는 술병이 달랑거렸다.

마누엘 핀토는 팀과 상의하여 내게 '제2차 포르투 - 산티아고 2009'의 기념패를 주었다.

아쉬움으로 떠나는 일행을 배웅하고 있는데 새로운 일행이 들어온다. 독일의 코블렌츠에서 온 부부 요르겐과 마티나다. 이들은 휴가를 이용해 포르투에서 산티아고로 가는 중이다. 코블렌츠는 나도 여행을 했던 곳이라 즐거운 대화가 시작되었다. 코블렌츠의 유스호스텔에서 멀지 않은 곳에 산다는 이들은 처음 본 나를 흔쾌하게 자신의 집으로 초대했다. 세계 곳곳으로 늘어만 가는 나의 알베르게, 아 정말 언제 다 둘러보나….

출장 뷔페팀이 저녁때 먹으라며 남겨준 것으로 얀과 제프와 함께 저녁식사를 하는데 알베르게 관리인이라며 멋쟁이 아저씨가 들어왔다. 그는 주방에 쌓여 있는 빈 술병들을 보고 얼굴을 붉히더니, 위스키 병을 치켜들고서 화가 난 얼굴로 우리를 다그쳤다. 오늘 아침 분명히 술병이 없었는데 도대체 얼마나 술을 마신 것이냐며 우리에게 나무라듯이 말했다. 물론 오해는 풀었지만. 그 대단한 주당 포르투 사람들은 어디쯤 가고 있을까? 어떤 이는 술에 취해, 어떤 이는 걷는 리듬에 취해, 어떤 이는 피로에 젖어 국경의 끝 미뇨 강을 바라보고 있지는 않을까?

Day 22

루비아에스 → 투이(19.5km)

Rubiães → Tuy

미뇨 강 넘어 스페인의 투이로

일찍 일어났지만, 어제 저녁을 먹은 식당에서 아침을 먹고 가려고 느지감치 7시에 나왔는데도, 웬걸, 식당문은 닫혀 있었다. 로마다리를 지날 즈음, 어디서 자고 출발하는지 처음 보는 순례자를 만나 간식을 나누어 먹고 출발하는데 벌써 몸에서 쥐가 나기 시작했다. 충분히 쉬었는데도 자꾸 몸에서 쥐가 나 걸음을 멈추고 컨디션을 조절해야만 했다. 포르투를 지나면서부터 매일 새로운 물집이 생겼고 어디가 아픈지도 모르게 몸이 뒤틀리도록 쥐가 났다. 쉬고 또 쉬면서 걷는 수밖에 없었다. 가는 곳마다 열려 있는 카페는 다 들어가 쉬었다. 나의 친구 얀과 제프의 배려가 없이는 불가능한 일이었다. 제프는 들르는 카페의 비용을 여전히 도맡아 계산했다. 내가 자신의 물집을 치료해주는 '스페셜 닥터이자 간호사'이기 때문이라며.

포르투갈의 국경마을 발렌사에 도착했다. 얀이 은행에 돈을 찾으러 들어간 사이 길가에 앉아 있는데 독일에서 온 커플이 걸어왔다. 그 민망남 아저씨의 입성은 여전히 민망하다. 날씨가 좋으니 걸으며 선탠을 하려는 건지, 거의 벗고 걷는 상태다. 우리를 지나치던 민망남이 내게 윙크를 하는 바람에 전신에 또 쥐가 날 뻔했다. 오싹할 정도로 징글징글해 속이 울렁거릴 정도였다.

국경을 통과하는 기념으로 가까운 카페에서 차를 마시며 쉬었다. 인근 공원을 지날 때 햇빛 속에 누워 있던 민망남과 또 만났다. 얀이 마땅찮은 표정으로 그에게 독일어로 뭐라 소리를 치니 제프는 킥킥거리며 웃었고, 누워 있던 민망남은 벗고 있던 셔츠로 얼른 아랫도리를 가렸다. 얀은 못 볼 걸 본 게 틀림없었고, 나는 또 가슴을 쓸어내렸다.

미뇨 강을 사이에 두고 포르투갈과 스페인으로 나뉜다. 미뇨 강을 건너는 다리. 거기에 요란한 국경은 없었다. 유럽통합국기인 별 열두 개 안에 '포르투갈'이라고 쓴 대형 입간판이 다리 초입에 있을 뿐, 그 흔한 국경초소 하나 없이 그저 다리를 건너면 스페인이었다. 다리 위에는 차도와 보행자를 위한 공간이 나뉘어 있었다. 다리를 건너는데 저쪽 스페인에서 한 남자가 포르투갈 쪽으로 조깅을 하며 오고 있었다. 아마도 그는 우리가 막 지나온 발렌사 근처의 공원으로 달려가는 게 아닐까. 어쩌면 반대로 포르투갈을 출발해 국경 너머 스페인 땅을 한 번 밟아주고 되돌아오고 있는 건지도 모르고. 한 개인의 일상적 운동 코스에도 아무런 작용을 하지 않는 국경. 평화는 이렇게 무덤덤하고 일상적인 것이로구나. 삼엄한 DMZ로 나뉘어 있는 분단국가에서 온 순례자의 눈에는 아무렇지도 않은 평화가 너무도 소중해 보였다.

다리 중간쯤 갔을까. 배낭에 '레온'과 '오렌세'라는 행선지를 매달고 개를 끌고 가는 사람들이 있었다. 엄지발가락에 고리를 끼워 신는 조리 차림이었다. 행색으로 보건대 오랜 도보여행을 하는 사람은 분명코 아니었다. 프랑스에서 온 이 젊은 커플은 레온이나 오렌세 둘 중 어디로든 자신들을 데려다줄 차량을 히치하이크하는 중이었다. 주인 탓에 개는 진짜 개고생을 하는 것 같았다. 배짱 좋게 히치하이킹을 하며 여행을 즐기는 젊은 커플이여, 부엔 카미노 하소서.

투이 대성당의 아르페지오네

넓은 미뇨 강은 수량도 풍부하다. 강은 양편으로 아름다운 마을

조리를 신고 개까지 끌고 국경을 넘는 순례자들.
"저희, 스페인까지 좀 태워주세요. 레온이든, 오렌세든!"

을 품고 있다. 궁핍한 기색을 찾아볼 수 없는 풍요로운 전원풍경이다. 스페인의 국경마을 투이에서도 열두 개의 별 속에 '에스파냐'가 쓰여진 입간판이 버티고 서서 국경을 통과했음을 알려준다. 기념 도장이라도 찍으려고 다리 가까이에 있는 경찰서로 가니, 도장이 없으니 마을센터에서 받으라고 한다. 투이의 알베르게로 가려면 대성당을 지나 화살표대로 가면 안 된다. 대성당 옆의 경찰서를 왼쪽으로 두고 골목길을 내려가면 계단 밑에 있는 교회 바로 옆에 알베르게가 있다. 표시가 되어 있지 않아, 앞서가던 요르겐과 마티나는 화살표대로 가버렸다. 오늘도 내가 마지막 1퍼센트 길찾기 능력을 발휘했다. 도심에만 들어서면 더더욱 빛을 발하는 놀라운 내 몸의 내비게이터다!

알베르게는 어느 깐깐한 자원봉사자의 성격을 고스란히 보여주듯 깨끗이 관리되어 있었다. 짐을 푼 뒤 얼른 길이 갈라진 곳으로 되돌아나가 길을 되짚어 돌아올 요르겐과 마티나를 기다렸다. 아니나 다를까. 되돌아오는 그들을 맞아 알베르게로 왔다.

투이에서 시작하는 순례자들도 합류하여 새로 보는 얼굴들이 많았다. 자전거를 타고 온 순례자들이 여러 명 있었고, 휴가를 이용해 남자친구끼리 뭉쳤다는 이들도 있었다. 이들은 완전 울끈불끈 근육질의 몸매로 스포츠 스타 같아서 도보여행자라기보다는 어디 경기장에 있어야 할 사람들 같다. 이탈리아 로마에서 왔다는 노년의 커플이 들어왔는데, 그 폼이 패션스타감이다. '폼생폼사'의 패션에다 왕수다로 알베르게를 홀딱 뒤집어놓고는 발렌사로 가서 자겠다며 다시 배낭을 꾸려 나갔다. 어디 한군데 앉아 있으면 병이 날 것 같이

스페인의 국경마을 투이에 들어섰다.

정신 산란한 양반들인데, 그래도 보기와는 달리 인내심을 요구하는 장거리 도보여행 베테랑이다.

낮잠을 자고 밖으로 나오니 얀과 제프가 늦기 전에 대성당과 뒤뜰을 구경하고 오라고 등을 떠민다. 검은 모습의 성녀와 성인들의 상이 꽤 인상적인 어두운 성당에 나지막하게 성가가 흘렀다. 차분하고 경건한 분위기를 만드는 음악과 조명이었다. 대성당의 뒤뜰로 가기 위해 성당 문을 열고 클로이스터로 들어섰다. 회랑 사이의 어두운 지하 납골당으로 들어서는데 귀에 익숙한 곡이 잔잔하게 들리기 시작했다. 슈베르트의 「아르페지오네 소나타」. 잃어버린 지난날의 추억을 물씬 불러일으킨다. 울컥 솟구치는 눈물, 진한 그리움….

한때는 클래식에 빠져 집에서는 오디오를 끼고 살다 밖으로 나갈 때면 소형녹음기와 이어폰을 꼭 챙겼다. 귀가 아프기 시작해 이어폰과는 이별을 했지만, 때론 편식하듯 한 곡에 빠져 몇 날 며칠을 듣기도 했다. 도보여행 중엔 그마저 잊고 지내다 오늘처럼 그렇게 좋아하던 음악을 문득 듣게 되면, 감동으로 흠뻑 샤워하는 기분이다. 아르페지오네의 감동 덕분인지, 대성당 뒤뜰에서 바라보는 미뇨 강 건너 포르투갈 풍경도 기대 이상이었다. 역시 우리 인간은 공감각적 동물이다. 어찌 하나의 자극, 하나의 기쁨으로만 살 수 있단 말인가.

잠을 자기 전 물집을 치료하는데 발의 물집이 아예 곪기 시작했다. 제프보다도 내 발이 더 심각했다. 가만히 있어도 발바닥 전체가 욱신욱신 쑤셨다. 비상약으로 준비한 진통제를 꺼내 먹었다. 아직 목적지까지 엿새가량이나 남아 있는데 걱정이다.

오늘 얀과 제프의 아내에게서 산티아고에 도착했다는 전화가 왔다. 휴가를 내서 온 아내들은 남편들이 도착할 때까지 주변 도시를 둘러보며 휴가를 즐기고, 얀과 제프가 산티아고에 도착하면 같이 네덜란드로 돌아간다고. 비아 델 라 플라타를 걸을 때도 산티아고로 와서 환영해주고 함께 돌아갔다고 한다. 내가 보기에 카미노 도보여행은 부부 금실도 좋아지게 하는 게 틀림없다. 내가 아는 칠순의 부부도 그랬다. 당뇨로 고생하던 남편의 카미노 순례를 한사코 말리다 마지못해 따라나선 사모님. 하지만 나중엔 사모님께서 더 좋아하며 카미노를 즐거워하셨다는 후문이다.

포르투갈과 스페인은 한 시간 시차가 난다. 한 시간 빠르게 시계를 돌려놓고 잠자리에 들었다.

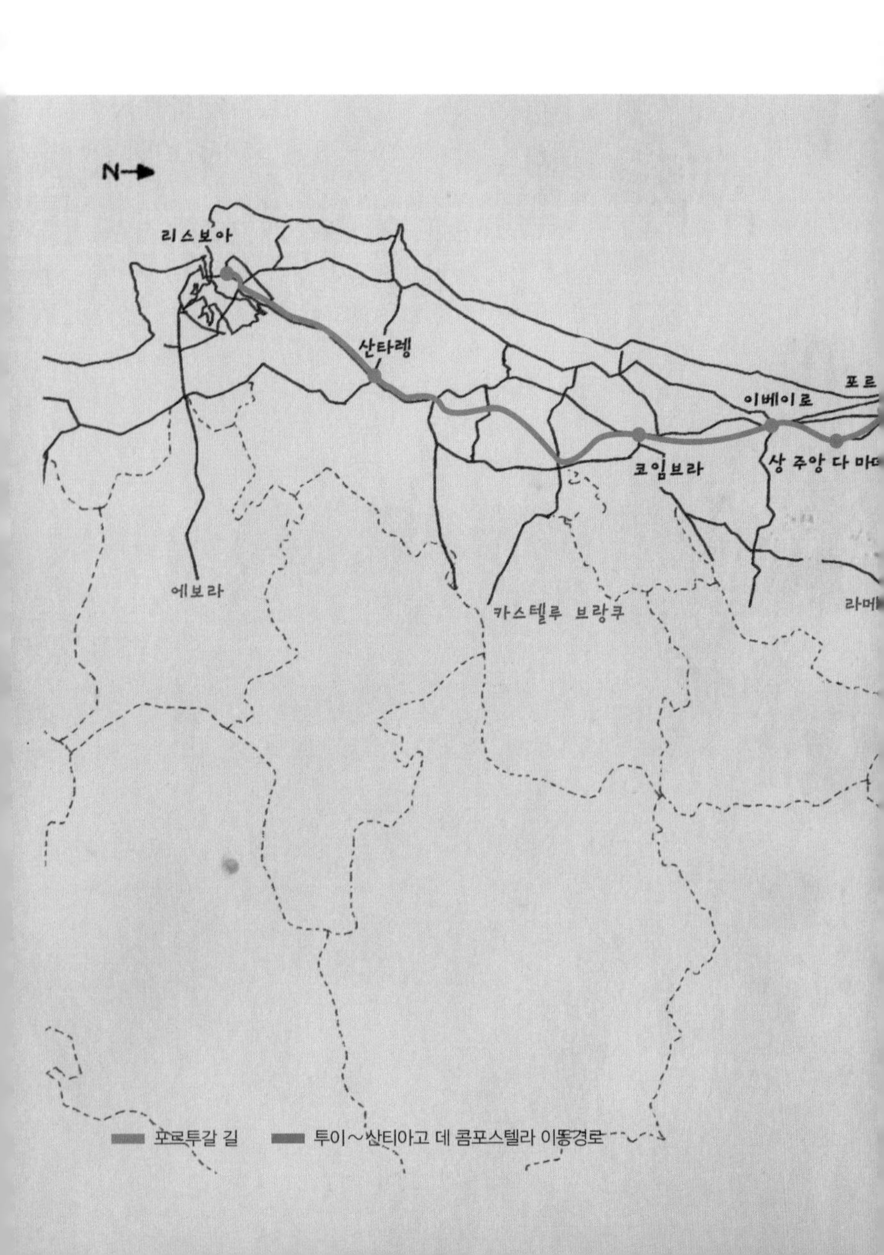
N
리스보아
산타렝
포르
이베이로
코임브라
상 주앙 다 마
에보라
카스텔루 브랑쿠
라메
포르투갈 길
투이~산티아고 데 콤포스텔라 이동경로

투이~산티아고 데 콤포스텔라

Day 23~30

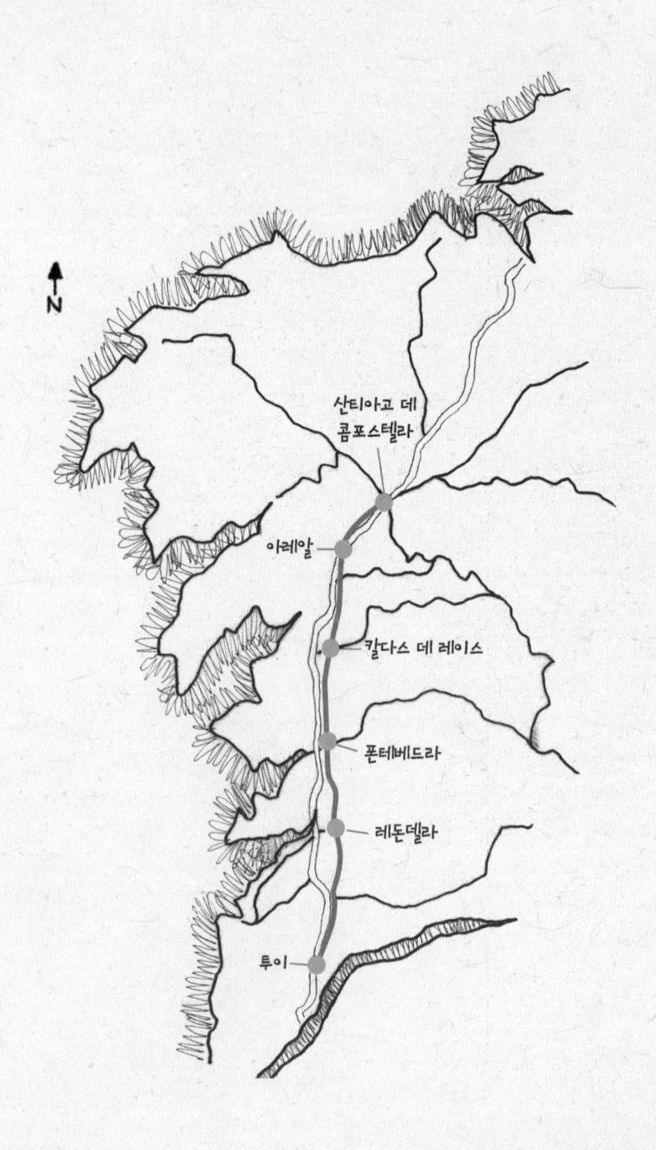

Day 23

투이 → 레돈델라(30.9km)

Tuy → Redondela

나는 길 위에서 충전된다

새벽녘 도시의 가로등 불빛을 따라 걸으면 늘 꿈길을 따라가는 기분이다. 틀림없이 타박타박 걷고 있지만, 아직 포근한 잠자리에 미련이 남아서이리라. 새벽길에 나서니 순례자 수가 부쩍 늘었다. 스페인의 국경마을 투이에서 출발하는 순례자가 제법 많은가보다. 앞서거니 뒤서거니 안개 자욱한 숲길을 걸어갔다. 오늘따라 길은 다양하다. 고속도로 위를 넘는 다리도 지나고, 숲 속의 나무다리도 지나고, 중세의 돌다리도 지나고, 공장지대도 한없이 걸었다.

포르투갈 국경에서는 군용차량을 본 적이 없는데 이곳에서는 군용차량이 곳곳에서 눈에 띄었다. 앰뷸런스 차량까지 있는 걸로 보아 무슨 훈련이 한창인 듯했다. 오포리노의 바에서다. 터질 듯한 가슴이 훤히 보이는 핑크색 미니 원피스를 입은 바텐더 주위를 사복과 군복을 입은 군인이 빼곡이 둘러싸고 있었다. 우리나라의 원주나 파주 같은 군사도시가 떠오르는 묘한 분위기였다.

바에서 아침을 먹고 나서 진통제를 먹었다. 어제에 이어 통증과 함께 자주 경련이 일어났다. 그러나 쉬어가며 포기하지 않고 꾸준히 얀과 제프의 뒤를 따랐다. 뒤돌아보고 내가 눈에 띄지 않으면 불평 없이 기다리다 반갑게 소리를 치는 두 사람. "No pain! No glory!" 그것은 우리가 서로를 격려하는 구호가 되었다. 두 사람이 베푸는 배려와 따뜻한 정이 있어, 며칠 휴식을 취하고 싶었던 내 몸을 추슬러가며 함께 간다. 나는 산티아고에 도착하기 위해 길을 걷는 것이 아니다. 최종 행선지로 가는 것이 목적이라면 차를 타고 가면 된다. 길을 걸으며 행복에 젖는 귀한 시간들, 나는 그 시간들을 누리고 싶어 걷는다. 얀과 제프와 지금 이런 귀한 시간을 공유하며 걷고 있기에 난 행복하다.

느리게 걷는 걸음으로 지나는 곳의 역사와 문화를 배우고 자연의 정기를 깊이 호흡하며 서로 완벽하게 다른 타인끼리 긴 여행의 동행이 되어 함께 걷는 길. 그런 타인과 오래도록 걷다보면 세상사 흘러가는 이치가 지구 어디에서든 별반 다를 게 없다는 것도 배운다. 때론 살아 있어서 고통과 함께 고단한 하루를 마감하는 쾌감을 느끼고, 일상의 편안한 안식의 귀함도 알고, 무엇보다 먼 길을 헤쳐나가는 인내심을 키운다. 버려야 할 것, 채워야 할 것도 배우며, 길에서 겪게 되는 모든 경험이 내 삶의 에너지로 축적되는, 그런 한 걸음 한 걸음이다. 풍력발전기의 바람개비가 거센 바람을 맞으며 뱅뱅 돌아 전력을 만들어내듯이 나의 에너지는 저 바람을 뚫고 가는 길 위에서 충전된다. 길 위의 불편함 혹은 고통이 결국은 더 큰 위로와 보람으로

축적되어 내 삶의 에너지가 될 것임을 나는 잘 안다.

걸으며 얻는 에너지는 어쩌면 과학이 아닐까. 걷는 것은 신체적 활동이지만 거기서 샘솟는 힘은 정신적인 창조 활동으로 전환된다. 화가 날 때 빨리 걸으면 화가 풀리는 것도 과학이 증명한 사실이다. 뇌에서 호르몬 분비를 자극한다는 것. 나의 걷기 여행도 한 걸음씩 걸으며 몸으로 읽고 듣고 느껴서 마음으로 풀어내는 것이다. 걷기는 내게 몸과 마음의 치유의 수단이고 명상의 순간이고 사교의 장이다.

엄마, 짐은 저한테 맡기세요

오르베나Orbenlla의 한 카페에서 한국에서 오신 리노 아저씨를 만났다. 카미노 카페를 운영하시는 분이라는데, 이야기를 나누다 보니 내가 존경하고 나뿐만 아니라 모두가 부러워하는 부부의 모습을 보여주며 멋지게 사시는 임문영 교수님과 정춘선 사모님을 알고 계셨다. 반가운 마음에 냉큼 서울에 계시는 교수님께 전화를 드렸다. 세상은 물론 넓지만, 점점이 흩어진 인연들이 돌고 돌아 연결되면서 세상은 좁혀진다. 바로 지금 이 순간처럼 말이다. 모처럼 유창한 한국어가 봇물 터지듯 흘러나왔다. 리노 배기정 선생님은 오포리뇨에서 묵는다며 알베르게로 가셔서 우리는 다시 길 위에서 만날 것을 기약하고 헤어졌다.

투이를 출발한 알베르게 친구들은 모두 나보다 앞서갔기에 바에서도 만날 수 없었다. 오직 미스 하노버만 지쳐서 모스에서 짐을 풀었노라며 알베르게 입구에서 손을 흔들어주었다. 경사가 심한 오르막길을 오를 때는 발뒤꿈치의 물집이 쓰라렸고, 정상에서 레돈델라로 내려가는 가파른 내리막길에서는 발바닥 앞쪽의 물집이 아팠다. 눈물과 비명이 절로 나왔다. 어떻게 내려왔는지 모를 정도로 고통은 극심했다.

오늘 길에서 만난 재밌는 커플은 브라질에서 온 모자다. 철없는 딸 같은 엄마와 친절한 아들. 거의 모든 짐은 아들 차지였다. 엄마는 화려한 패션의 옷을 입고 크로스백만 달랑 옆구리에 달고 지팡이를 짚었다. 알베르게에 도착한 엄마는 아들의 배낭에서 짐을 몽땅 꺼내 침대에 늘어놓은 뒤 갈아입을 옷을 골라 들고 샤워를 하러 갔다. 아들은 엄마가 늘어놓은 것들을 하나씩 챙겨 도로 배낭에 담고 엄마의 침대를 정리했다. 샤워를 마치고 돌아온 엄마가 침대에 앉으니 아들이 엄마의 발을 마사지 해주며 정답게 얘기를 나누었다. 마사지를 끝낸 엄마는 콧노래를 부르며 화려한 원피스를 입고 밖으로 나갔다. 난 딸만 둘이라 아들도 있었으면 했고, 아들만 둘 둔 친구들은 딸 좀 있었으면 했는데, 아들이건 딸이건 간에 이런 자식 둔 엄마는 세상 부러울 게 없겠다 싶다.

레돈델라에서 완전 군장을 꾸린 여군이 총을 들고 부지런히 걸어가는 것을 보았다. 배낭 뒤에 형광조끼를 걸쳤다. 벌겋게 달아오른 예쁜 얼굴에 땀이 흐르고 있었다. 투이에서부터 걸었다면 그 무거운 배낭과 총을 들고 31km를 걸어온 것이다. 앰뷸런스가 뒤따르긴 했다. 아주 오래전 지인인 여군 대령의 초대로 여군학교장 취임식에 갔던 때가 떠올랐다. 그때 베레모를 쓴 여군 소령이 오픈 군용차에 서서 임석 상관에 대한 경례를 하며 가는데, 어찌나 멋있던지 행사가 끝난 뒤 찾아가 악수를 청했던 기억이 났다. 생각해보니 그 후로 난 여군에게 관심을 갖게 되었다. 여군이 주인공인 영화 「지 아이 제인」

완전 군장을 꾸린 여군이 배낭 뒤에 형광조끼를 걸치고 31km를 걸어왔다.

도 보았다. 데미 무어가 삭발까지 하고 주연을 맡았던 영화다. 여성 최초로 해군 특전단 훈련에 투입된 조던 오닐이 힘든 훈련을 끝까지 견뎌내고 자신의 꿈을 이루어 여군이 되는 스토리를 그린 영화다. 이 땡볕에 땀 흘리고 걷는 스페인의 지 아이 제인들도 영화 속의 조던 오닐처럼 자신의 꿈을 이루길 바라며 격려의 박수를 쳐주었다.

멋진 칠순 세리머니

요르겐과 마티나 부부가 우리보다 늦게 레돈델라의 알베르게에 도착했다. 이 부부는 우리처럼 카페에서 혹은 숲에서 충분히 휴식을 취하며 걸었다. 당뇨가 심한 마티나를 위해서였다. 요르겐은 당뇨환자인 아내를 위해 이번 여행을 왔다. 당뇨환자에게 걷기는 아주 훌륭한 운동이기 때문이다. 마티나의 주치의도 적극적으로 장거리 도보여행을 권했다고 한다. 마티나는 인슐린을 맞으며 걷는데, 장거리 도보여행을 할 땐 당의 수치가 안정적으로 내려가서 평소 먹고 싶어도 못 먹던 음식을 맘껏 먹을 수 있어 좋다고 했다.

얀도 당뇨환자였고 그로 인한 합병증도 있어 오랫동안 인슐린을 맞으며 고생했다. 그러나 지금은 자기 인생에서 인슐린도 합병증도 사라졌다고 했다. 내가 믿기 힘들다고 하자 만일을 대비해 갖고 다니는 당뇨 비상약까지 꺼내 보여주었다. 얀은 마티나 부부에게 자신이 걷기로 건강을 되찾은 경험을 이야기하며 걷기를 꾸준히 해야 함을 강조했다.

내가 아는 신정재 회장님도 당뇨로 고생하셨다. 오랜 투병생활에도 지치지 않고, 겸손하고 주변을 배려하는 마음이 넉넉해 존경을 받는 분이다. 가톨릭 신자인 신 회장께서는 칠순에 산티아고 순례길을 걷겠다고 굳게 결심하셨는데, 사모님의 염려가 얼마나 큰지 모른다. 아마도 이 분의 배낭은 인슐린 주사와 여러 가지 약으로 다 채워질 것이다. 매일의 먹거리도 걱정이고. 주변에 당뇨환자가 장거리 도보여행을 한 예를 본 적이 없어 불안한 마음이 더욱 컸지만 난 오늘 좋은 예를 봤다. 당뇨환자인 마티나와 얀의 이야기를 멋쟁이 신 회장님께 전해드리고 싶어 마음이 바빠졌다. (추신: 신정재 회장님은 김정애 여사님과 함께 드디어 2009년 9월에 출발해 40일 일정의 산티아고 순례를 무사히 마치고 돌아오셨다. 칠순의 세리머니를 멋지게 하신 거다.)

「오 솔레미오」와 「밤안개」

오늘 레스토랑의 주인은 유난히 말끔하게 보이는 흰옷을 입고 우리를 맞아주었다. 좀 이른 저녁을 요구하는 우리 일행에게 주인은 노래를 틀어주며 조금만 기다려 달라고 했다. 「오 솔레미오」가 흘러나왔다. 그런데 가수가 바로 자신이라는 게 아닌가. 얀이 정말이냐고 묻자 즉석에서 노래를 부름으로써 대답을 대신했다. 얀과 제프, 요르겐도 함께 「오 솔레미오」를 부르며 흥을 돋우었다. 주인아저씨가 조용히 앉아 있는 내게 이 노래를 아는지 물었다. 나도 대답 대신 노래를 불러주었다. 저 맑은 햇빛 참 아름답구나…. 내친김에 끝까지.

제프가 한국 노래도 한 곡 불러줄 수 있는지 물었다. 내가 고른 노래는 「밤안개」. 주인아저씨, 감격하여 나를 끌어안더니 손등에 키스를 하며 호들갑스레 칭찬을 퍼부었다. 모두의 앵콜로 「님 그림자」까지 불렀다. 앵콜이 거듭 쏟아지며 분위기가 좋았지만 배가 고파 그만두었다.

「오 솔레미오」와 「밤안개」를 부른 뒤 앵콜까지 받은 레스토랑에서 즐거운 시간을 보냈다.

재밌게 저녁식사를 마칠 즈음 주인아저씨가 오늘밤 9시부터 손님이 많으니 한국 노래 좀 많이 불러주고 가라며 맥주까지 서비스로 주었다. 물론 주인아저씨의 청은 정중히 사양했다. 식사를 마치고 나오는데 주인장이 자신의 노래가 담긴 CD를 하나씩 나누어주었다. 선물인줄 알았는데 5유로를 받았다. 그러나 우린 기꺼이 하나씩 샀다. 레돈델라의 호세 카레라스 아저씨, 잘 들을게요~.

Day 24

레돈델라 → 폰테베드라(18.2km)

Redondela → Pontevedra

난처하여라, 술 취한 순례자라니

일본 아저씨 세 사람을 숲길에서 만났다. 오랜 직장 동료인 이들은 모두 은퇴한 뒤 도쿄와 오사카, 가고시마에 흩어져 살고 있다. 오사카에서 오신 분은 시코쿠 88사찰 순례를 하였다고 한다. 나도 시코쿠 사찰 순례를 다녀왔다고 하며 배낭에 매달고 다니는 수건을 보여줬다. 시코쿠 순례 중에 받은 하얀 수건으로, 머물렀던 마을 이름이 일본어로 새겨진 건데, 흡수력과 건조력이 기능성 수건보다 좋아서 들고 다닌다. 사찰 순례를 하였다는 아저씨가 목에 두르고 다니는 수건 역시 사찰 순례길에서 받은 기념품이라고 한다.

이들은 포르투에서 출발하여 버스로 이동하며 바닷가를 따라 여행하는 중이다. 산티아고 가는 길 중 프랑세스 길이 너무 복잡하다고 하여 포르투갈 길을 택해 조금 걸어보려고 폰테베드라를 향해 가는 중이라는 것.

폰테베드라는 도시다. 도시에 들어서며 일본 아저씨들이 길을 헤매기에 길을 잃지 않도록 골목이 꺾이는 곳에서 손을 흔들어 방향 표시를 해주며 갔다. 오르막 내리막이 자주 있어 새로 물집이 생기는 것을 느끼며 오늘도 고통스럽게 걸었다.

얀과 제프가 절뚝거리며 걸어오는 날 바라보며 기다렸다.

"헤이, 킴! 너는 힘들어서 인상을 쓰고 걷다가도 우리를 만나 쉴 때는 웃음이 넘치거든. 그래서 아주 멋져."

"아, 고마워요. 나의 큰오빠와 작은오빠가 이렇게 날 기다리며 반가이 맞아주는데 절로 웃음이 나지."

두 사람은 기다렸다가 물도 챙겨주고 앉아 쉴 자리도 마련해준다. 얀이 큰오빠처럼 길을 열듯이 앞서가는 듬직한 리더의 모습이라면, 제프는 그 뒤를 따르며 큰오빠가 미처 살피지 못한 것들을 챙기고 배려하는 자상한 작은오빠의 모습이다. 얀은 아침과 저녁으로 일정을 내게 논의하듯이 얘기해주었다. 그럴 때면 제법 전쟁 지휘관 흉내까지 내면서 '보스 미팅'다운 분위기를 연출할 줄 알았다.

알베르게가 도시 초입에 있어 어찌나 고마운지 몰랐다. 폰테베드라 기차역 옆에 있는 알베르게는 시설 또한 훌륭했다. 알베르게의 거실인 셈인 휴게실에서는 동네 아줌마들이 모여서 엔카헤 데 볼리오스Encaje de Bolillos라는 전통자수를 하고 있었다.

정해진 순서에 따라 샤워와 세탁을 마치고 식사를 하러 알베르게 입구의 레스토랑으로 가니 일본 아저씨 세 분이 앉아서 맥주를 마시고 있었다. 보아 하니 알베르게에 짐도 풀지 않고 먼저 주저앉은 듯했다.

나의 포르투갈 길 동반자들인 작은오빠 제프와 큰오빠 얀.

동네 아줌마들이 알베르게의 휴게실에 모여 '엔카헤 데 볼리오스'라는 전통자수를 하고 있다.

"아저씨들, 알베르게에 등록을 하고 침대를 배정받은 후 드시는 게 좋을 겁니다. 침대수가 많지 않거든요."

그러자 가고시마 아저씨가 오사카 아저씨한테 얼른 가서 등록하라고 시키며 자신은 계속 술을 마셨다. 하지만 금세 돌아온 오사카 아저씨가 일행을 모두 끌고 갔다. 침대 셋을 원하면 세 사람의 크레덴셜이 있어야 하니까. 그사이에 술을 얼마나 마셨는지, 가고시마 아저씨의 취기가 심상치 않아 보였다.

레스토랑의 한편에서 숯불로 고기를 굽는데 그 향이 군침을 돌게 했다. 닭, 돼지, 소고기 바비큐 중에 우리는 잘 익어가는 숯불 소갈비를 주문했다. 우리 셋은 먹을거리 취향도 척척 잘 맞았다. 센스 만점 점원과의 의사소통은 바디랭귀지! 그녀는 갈비뼈를 벅벅 긁으며 고기의 부위를 설명해주는 식으로 주문을 받았다. 덕분에 푸짐하고 맛난 점심을 즐길 수 있었다. 이번 포르투갈 길을 걸으며 몸무게가 줄어들 거라고 내심 기대했건만, 경련이 일어날 정도로 몸을 비틀어가며 고생을 해도, 이렇게 맛난 식사의 즐거움 탓에 몸무게는 요지부동 제자리였다. 얼굴만 핼쑥해졌지 뱃살은 줄어들 기색도 없었다.

늙다리 뽕짝 순례단

물집치료도 정성껏 하고 항생제가 든 연고까지 발랐는데, 가만히 있어도 욱신욱신 쑤시고 신음이 절로 나도록 아픈 것은 왜일까?

작년 가을 프랑세스 길을 KPK통상 김필규 회장님과 이지송 감독님, 배병우 교수님과 함께 걸었을 때다. 김 회장님은 우리 팀을 자칭 '늙다리 뽕짝 순례단'이라고 부르셨지만 그것은 겸양의 말씀이었다. 청춘의 활력을 내뿜으며, 각 나라의 경제, 예술·예술가들에 대한 해박한 지식과 위트, 세계의 팝과 가곡은 물론 오페라의 아리아까지 아우르는 노래 솜씨 등으로 세계 각지에서 온 순례자들을 휘어잡은 김 회장님. 하지만 김 회장님도 물집만은 잡지를 못하고 고생을 하셨다. 배 교수님의 물집은 두 발바닥을 아예 물침대 수준으로 만들어놓았다. 그 정도였으면 고통이 대단했을 텐데, 아픈 내색 하나 없이 의연하게 걸으셨으니 참을성 또한 대단하다.

한편 이 감독님의 에너지는 백만돌이 에너자이저를 연상케 했다. 당연히 힘들 텐데도 지친 기색 하나 없이 촬영에 임하셨다. 그 열정의 열기로, 물집 하나 없이 길을 완주하셨다. 그동안 나는 수천 킬로미터의 도보여행을 했지만 물집이나 발의 통증으로 이번처럼 고생을 하지는 않았다. 이런 물집의 통증을 진작 느꼈다면 아마 걷는 매력에 빠지지 않았을 것이다.

투이에서 만난 울끈불끈 세 근육남은 마드리드에서 왔는데, 빠르게 걸으니 길에서는 만나지 못하고 알베르게에서만 만났다. 그들 중 한 명이 의사였다. 닥터 호세는 물집치료를 하는 나를 보고는 항생제를 먹으라고 권했다. 비상시에 먹으려고 의사 처방을 받아들고 온 항생제가 있음을 그제야 깨달았다. 에구, 바보 같으니…. 유효기간이 의심스러울 만큼 제법 오래된 약이었지만, 찬밥 더운밥 가릴 계제가 아니어서 얼른 먹었다.

일본 아저씨들 중 가고시마 아저씨가 기어이 술에 취했다. 다른 두 분은 조용하고 점잖은데, 가고시마 아저씨만 유독 성품이 가볍고 촐랑거렸다. 그런데 두 분은 영어가 서툴렀고 가고시마 아저씨만 영어를 해서 이 여행을 이끄는 모양이다. "맥주를 즐기는 낭만을 아냐?"고 내게 묻던 가고시마 아저씨, 낭만이 지나쳤다. 맥주에 취해 알베르게를 추하게 돌아다니다가 내게도 비틀거리며 찾아왔는데, 그 기세가 위태해 듬직한 작은오빠 제프가 그를 제지해 물러서게 했다. 그는 물러나며 말했다.

"딸국! 헉, 딸국! 에구에구…. 말야, 100km만 걸어도 증명서 준다는데, 딸국, 뭐 하러 더 걸어…. 바보 같으니라구…. 딸국! 헉, 딸국! 차를 타고 가면서 도장! 팍팍! 찍으라구. 바보 같으니라구. 딸국! 헉, 딸국!"

오사카 아저씨가 그를 데리고 밖으로 나갔다. 으이구~ 창피한 인간이라니. 술이 웬수다 웬수.

Day 25

폰테베드라 → 칼다스 데 레이스(23.8km)

Pontevedra → Caldas de Reis

소녀의 주름살

밤새 천둥치고 비가 내렸지만 항생제를 먹은 탓인지 통증이 줄어 평소보다 잠을 잘 잤다. 아침 출발 전에도 간단한 식사 후 항생제와 진통제 그리고 물집치료를 다시 하고 길을 떠났다. 폰테베드라는 도시이기에 잠시 한눈을 팔면 길을 잃는다. 폰테베드라 남쪽에 있는 알베르게에서 북쪽으로 도시를 길게 통과하여 넓은 레레스Lérez 강 위에 놓인 폰테 델 부르고 다리를 건너기까지 우린 두 번이나 길을 잃었다. 사진을 찍다가 그리고 얘기에 빠져 건다 이정표를 놓친 것이다. 때론 주차된 차량이 화살표를 가리기도 하니까 길이 갈라지거나 모호한 곳에서는 더욱 주의를 기울여야 한다.

간밤에 내린 비 탓에 신발 밑까지 차오르는 물길을 철벅철벅 건다가, 홀로 '세월아 가거라!' 느린 걸음으로 곳곳을 살펴보며 가는 할아버지를 만났다. 72세의 이 프랑스 어르신은 딱 프랑스판 김삿갓이다. 우리와 같은 알베르게에서 주무시고 동트기 전에 출발하셨다고 한다. 어디서 뚝 떨어지듯이 숲의 다른 방향에서 젊은 스페인 커플이 등장했다. 순례자들은 장거리 길을 걸으며 걸음이 빠르다 해도 앞서거니 뒤서거니 하며 간다. 쉬엄쉬엄 쉬어가는 자리에서 또는 숙소에서 마주치곤 하는데 이 커플은 한 번도 만난 적이 없었다. 금발을 소녀처럼 양쪽으로 길게 묶은 멋진 여인과 같이 걷다가 얼굴을 마주한 순간, 헉, 순간 말을 잃을 정도로 기겁했다. 갑자기 중국의 변검술얼굴에 손을 대지 않고 가면을 썼다 벗었다 하는 기술이라도 하였는지 주름이 아주 많은 호호할머니다. 이들은 젊은 커플이 아니라 노년의 커플이었던 것이다. 홀연 나타났다 훌쩍 사라진 초현실 커플. 그 할머니의 주름에 화들짝 놀라며 마음이 아팠던 이유가 뭘까?

카페에서 휴식을 취하는데 얀의 아내에게서 전화가 왔다. 얀과 제프의 아내는 산티아고에 도착해서 인근 도시여행을 하고 있다. 코루나도 가고 피니스테레도 가고 비고도 갔다 왔다. 오늘은 우리가 출발한 폰테베드라로 기차를 타고 간다는 것이다. '앗, 알베르게 바로 옆 역이었는데…. 어제쯤 오지 않고….' 합리적으로 보자면 그런 내 생각이 맞겠지만, 이들은 산티아고 대성당에서 극적으로 만나고 싶어 하는 것이니, 며칠 더 미룬들 뭐 어떨까.

얀의 정보에 따르면 칼다스 데 레이스에 알베르게처럼 숙소를 제공하는 곳이 있어 물어물어 갔다. 하지만 기껏 찾아간 그곳에서는 더 이상 숙소를 제공하지 않는다고 하여 가까운 곳의 로터스 호텔로 갔다. 지나온 브리알루스Briallos 마을에도 알베르게가 있었다. 그러나 우리의 계획은 산티아고에 이른 시간에 도착하기 위해 마지막 날 걸

을 거리를 줄이자는 것이었다. 그러려니 오늘 좀더 걸어서 칼다스 데 레이스까지 온 것이었다.

로터스 호텔은 저렴하고 깨끗했으며, 위치도 편리했다. 우리보다 앞서 길을 갔던 알베르게 친구들도 모두 로터스 호텔로 들어와 있었다. 로터스의 바에서 책을 보고 있는데 요르겐이 장을 잔뜩 봐서 들어왔다. 마티나가 벌레에 물려 퉁퉁 부었다는 것이다. 이것은 마티나가 바르면 좋은 연고, 이것은 마티나가 좋아하는 과일, 이것은 마티나가 내일 길에서 먹을 간식이라며 즐겁게 장 본 것을 펼쳐보였다. 그리고 자신을 위한 것은 시원한 맥주라며 주문을 했다. 아내를 위해 이번 여행을 계획한 훌륭한 남편이다.

오늘 처음 보는 동양 청년이 들어왔다. 새까맣게 그을린 얼굴이 오랫동안 여행을 한 모습이다. 요르겐이 "한국인?"이라며 내게 살짝 물었다. "아냐, 일본인." 청년의 배낭에 꽂힌 가이드북이 일본어였다. 저녁식사 때 일본 삼총사를 또 만났다. 가고시마 아저씨는 오늘도 취해 있었다. 자기는 폰테베드라에서 택시를 타고 왔으며, 내일도 택시를 타고 갈 것이라면서 대체 왜 걷느냐며 생트집이다. 다른 두 분이 가고시마 아저씨 때문에 언짢아하는 기색이 역력했다. 누군가에게 보이기 위해 걷는 것이 아니니 뭘로 가든 누가 상관할까. 자랑스레 택시 타고 이동함을 말하지 않아도 좋으련만…. 술도 줄이면 좋으련만….

Day 26
칼다스 데 레이스 → 아레알(26.9km)
Caldas de Reis → Areal

귀여운 심술 퉁퉁 아저씨

불안한 먹구름이 낮게 내려앉은 하늘을 보며 출발했다. 일기예보에 "80퍼센트 비"라고 하더니 길에 들어서자 이내 비가 쏟아졌다. 그것도 장대비다. 고가육교 밑을 지나 언덕에 올라선 뒤 길을 잃었다. 이정표가 눈에 띄지 않았다. 두루 찾아봐도 폭우로 인해 더더욱 찾기가 힘들었다. 그나마 숲 속이 아니어서 다행이었다. 아스팔트 길을 걷다 지나는 차를 세워 길을 물어물어 찾아가다 N550을 따라가기로 했다. 억수로 내리는 빗속이라 숲 속은 물이 넘쳐날 것이고 물길을 헤쳐 나가야 할지도 모르기 때문이다. 다행히 도로에는 차가 많지 않았다. N550 도로는 마을을 통과하는데 양옆에 보도가 있으며 마을사람들은 N550 도로를 넘나들며 가게를 이용했다.

퍼붓던 비는 페드론에 도착할 무렵 잦아들기 시작했다. 페드론의 산티아고 이글레시아로 세요포르투갈에서는 '카림보'였지만, 어느덧 스페인이니 이제

는 '세요'였다 를 받으러 가니 마침 문을 닫고 나오던 아저씨가 오만상을 찌푸리며 귀찮은 사람이라도 만났다는 듯 머리를 푸르르 털고는 다시 문을 열었다. 얀과 제프가 심술이 잔뜩 난 아저씨의 뒤를 따라 성당으로 들어가 책상이 부서져라 탕! 탕! 소리를 내며 세요를 받았다. 그때 나를 따라 들어온 한 젊은이가 내게 세요를 해주겠다며 그는 부드럽게 세요를 찍어주었다. 젊은이는 세요를 끝내고 나서 기념카드를 내밀며 도네이션을 하라고 한다. 카드 한 장에 1유로. 그러니까 이 젊은 양반은 세요를 해주고 카드 한 장 내밀어 도네이션을 받기 위해 우리 일행이 성당으로 들어서는 것을 보고 부지런히 따라온 것이다.

그래, 만일 이것이 비즈니스라면 젊은이는 비즈니스를 아주 잘하는 것이라 생각했다. 성당을 방문하는 이들이 원하는 세요를 해주며 성당의 유적을 기념카드로 만들어 소액의 기부금을 받아 그 일을 계속할 수 있는 자금을 만들어 좋고. 또 비즈니스를 하려면 미소를 지어야 하고 미소를 받은 사람은 기분 좋아 다시 미소 지어서 좋고. 마지못해 책상 부서질 듯 세요 찍어주는 것보다 훨씬 멋지잖아요? 심술 퉁퉁 아저씨! 네?

젊은이가 준 기념카드는 이 산티아고 이글레시아의 제단 중앙에 있는 돌기둥 사진이다. 우리가 이 성당을 구경하기 위해 들어선 것도 바로 이 돌기둥을 보기 위해서다. 서기 44년의 일이다. 예루살렘에서 헤롯 왕 아그리파 1세에 의해 예수의 열두 제자 중 한 사람인 야고보가 목이 베이는 순교를 당했다(「사도행전」 12장 1~3절). 전설에 따르면 야고보의 제자 테오도로와 아타나시오가 순교를 당한 야고보의 시신을 거두어 요파Joppa. 예루살렘에서 55km 떨어진 지중해 연안에 있는 고대의 항구에서 돌로 만든 기적의 배에 실었다. 배는 돛도 노도 없이 오직 성령에 의해 지중해를 지나 스페인 대서양 연안에 있는 갈리시아의 작은 곳인 페드론 인근 이리아 플라비아Iria Flavia에—약 5,000km의 항해 끝에—일주일 만에 도착했다. 그리고 지금 이 성당 안에 있는 돌기둥에 돌배를 묶어놓았던 것이다.

이곳에 도착한 야고보의 시신을 매장하는 데도 많은 전설이 있다. 테오도로와 아타나시오는 야고보의 시신을 매장하기 위해 이곳 통치자인 루파Lupa 여왕의 허락을 구했지만 여왕은 매장을 쉽게 허락하지 않았다. 그런데 여왕에게 골치 아픈 일이 있었으니 그것은 광포한 야생 소가 날뛰어서 사람들이 두려움에 떠는 것이었다. 여왕은 이 야생소를 길들여준다면 매장을 허락하겠다고 한다. 물론 성인을 알아보고 얌전해진 야생 소에 의해 야고보의 시신이 산으로 옮겨 매장되는 기적이 일어났다. 이 기적으로 이교도 여왕이 개종을 하였다. 세월이 흘러 800여 년 동안 야고보와 두 추종자는 잊혀졌다. 813년 수도사 팔라요에 의해 무덤이 발견되고 로마교황청의 검증 절차를 거쳐 야고보의 무덤으로 인정받게 되었다.

야고보는 이후로 스페인의 수호성인이 되어 국토회복운동을 하는데 많은 활약을 하게 되었다. 이곳 페드론이 유명한 것은 성인 야고보의 시신을 실은 배가 최초로 도착한 곳이기 때문이다. 이 돌기둥을 보기 위해 산티아고에 도착한 순례자들이 버스를 타거나 걸어서(하루면 충분) 찾아오기도 한다. 그런 전설이 깃든 성당을 좀더 둘러보려고 하니 문 잠그려던 아저씨가 빨리 나오라고 재촉하듯 문에 서서

FUENTE
DEL
CARMEN
Albergue
CO SE ESTA FVENTE REINANDO EL S. D. CARLOS IIII. SIENDO ALCALDE D. JOAQVIN FO

인상을 쓰고 있다. 눈치 채고 얼른 나오니 즉시 문을 잠근 뒤 무거운 몸을 이끌고 어디론가 간다.

우린 사르Sar 강 건너 언덕에 서 있는 칼멘 수도원과 푸엔테 델 칼멘칼멘 샘으로 갔다. 다리를 건너자마자 바로 나타나는 푸엔테 델 칼멘에는 요파에서 이리아 플라비아에 도착해 돌기둥에 묶인 돌배에 야고보와 두 추종자가 새겨져 있고 상단에는 루파 여왕이 개종하여 야고보 성인에게 세례받는 모습을 새긴 상이 있다. 페드론을 설명하는 중요한 이야기가 모두 함축된 묘사인 것이다.

페드론 둘러보기를 마치고 쉬었다 가려고 바에 들렀다. 오호라! 문을 재촉하듯이 닫고 나오신 산티아고 이글레시아의 심술 퉁퉁 아저씨가 바에 앉아 비노 블랑코를 홀짝거리고 계셨다. 인사를 하는 나를 바라보는 시선이 낮게 깔렸다. 제법 마셨는지 만삭의 아저씨 배가 들썩거리며 가쁘게 숨을 쉴 때마다 달콤한 포도주 냄새가 진동했다. 술이 무지하게 고팠을 때 우리가 도착을 했었던 게다. 그러니 심술보가 발동할 수밖에. 만화 캐릭터로 상상을 하니 심술 퉁퉁 아저씨가 갑자기 귀여워 보였다.

빗발이 다시 거세졌다. 비 내리는 어두운 숲 속으로 갑자기 붉은 비옷을 입은 한 무리의 순례자들이 거꾸로 걸어오고 있었다. 독일 순례자들이다. 카미노 프랑세스 길을 마치고 산티아고에 도착해 사흘을 쉬었다가 걸어서 페드론으로 가는 중이다. 이 일행이 입은 빨갛거나 노란 옷들을 보고 역시 비옷이나 등산이나 낚시 같은 활동을 할 때 안전을 위해 눈에 잘 띄는 색의 옷을 입어야 좋겠다는 생각을 했다. 얀과 제프 그리고 나의 비옷도 모두 빨간색이다. 빨간 비옷을 입

비옷이나 등산이 낚시 같은 활동을 할 때는 안전을 위해 눈에 잘 띄는 색의 옷을 입는 게 좋다.

은 날보고 얀은 이솝이야기 중 하나인 빨강망토 소녀와 늑대 이야기가 생각난다고 했다.

오늘도 진저리가 나도록 힘들게 걸어갔다. 빗길을 걸어서도 힘이 들지만 항생제와 진통제를 먹으니 이번에는 속까지 쓰렸다. 속이 쓰리더니 기어이 배탈이 나 화장실을 들락거리는 지경이 되었다.

오늘의 원래 목적지는 산티아고까지 13km를 남겨둔 지점인 알베르게 테오였다. 그러나 약 2km 전의 아레알의 오스탈에서 머물게 되었다. 순전히 내 몸 상태 때문이다. 겨우겨우 걸어가는 내 얼굴을 살펴본 얀과 제프는 그만 가자고 하며 마침 지나는 길가에 있는 오스탈로 얼른 들어간 것이다. 제프는 내 얼굴이 핼쑥해졌다는 시늉을 하며 걱정스러워했다. 가방을 팽개치듯이 벗어놓고 침대에 누웠다.

저녁을 먹자고 얀이 방문을 두드릴 때까지 잠을 잤다. 그렇게 꿀맛 같은 낮잠을 자고 나니 몸이 편해지고 기분도 가뿐해져 오늘 중으로 산티아고까지 내리 갈 수도 있을 것만 같다. 하지만 저녁은 도저히 먹을 수가 없었다. 내일은 목적지인 산티아고에 도착한다. 이제 남은 거리는 15km. 와~ 드디어 내일 26일 만에 목적지에 도착하게 되는 것이다.

Day 27

아레알 → 산티아고 데 콤포스텔라(15km)

Areal → Santiago de Compostela

네 번째 걸어 들어가는 산티아고

새벽녘 화장실을 들락거리느라 잠을 설쳤다. 출발 준비를 마치고 아침을 먹자며 제프가 내 방문을 두드렸을 때에도 난 화장실에 앉아 있었다. 얼굴이 반쪽이 된 나를 보고 걱정을 하며 친구들은 출발 시간을 늦췄다. 비상약 중에 있던 지사제를 먹고 잠시 누웠더니 좀 나은 듯하여 출발을 하자고 얀과 제프에게 갔다. 제프가 "오늘 너를 위해 특별히 준비한 게 있어"라며 두루마리 화장지를 흔들었다. 웃겼지만 그는 진심으로 걱정되어 숙소에 있는 화장지를 챙긴 것이다. 내가 배꼽을 잡고 쓰러지는데, 얀이 진지한 표정으로 한마디 했다.

"사실 나도 준비한 게 있어."

"아, 고마워라. 그런데 뭐예요?"

얀의 주머니에서 나온 것은 포도주 코르크 마개였다. 캬욱! 빠진 배꼽 줍느라고 한참 수선을 떨었다. 몸은 후줄근하나마 유쾌한 기분으로 숙소를 나왔다.

숙소 앞의 이정표에서 이번 도보여행의 마지막 하루를 기념해 우리는 거창하게 하이파이브를 하고 출발했다. 목욕탕에 김 서린 듯 안개가 흐드러진 길을 얼굴을 촉촉히 적시며 걸어갔다. 다행히 뱃속이 진정되는 기미를 보였다. 지나는 길가의 카페마다 들르며 챙겨주는 카미노 친구 얀과 제프가 있어, 나를 위해 준비했다는 그 갸륵한 코르크 마개를 쓸 일 없이 무사히 순례의 마지막을 마무리하게 되었다.

산티아고에 이르러 다리를 건널 때다. 다리 앞에서 나를 기다리던 얀이 양손에 쥐고 있던 지팡이를 X자 모양으로 내려놓고 갔다. "헤이, 얀! 왜 여기다 스틱 놓고 갔어요." 내가 스틱을 집어들고 가려니 그냥 두고 오라고 손짓했다. 긴 다리를 건널 때는 다리 끝의 기둥에 자신의 낡은 모자를 벗어 걸어놓았다. 이제 포르투갈 길을 완주하므로 산티아고

얀은 스틱을 X자 모양으로 내려놓거나
기둥에 낡은 모자를 걸어놓으며
자신만의 세리머니를 했다.

가는 길의 여러 코스를 다 마친 기념으로 낡은 스틱과 모자를 버리고 간다는 게 얀의 뜻이었다. 얀 나름의 세리머니인 것이다.

나는 이번 여행을 준비하며 일부러 스틱을 가져오지 않았다. 숲에서 하나 주워 쓰면 되려니 했다. 걸핏하면 스틱을 놓고 길을 가다 아차 싶어 되돌아가 찾아오느라 용을 써야 했던 기억이 싫었기 때문이다. 포르투갈의 어느 숲인지 기억은 나지 않지만 유칼립투스 가지를 주워 지팡이로 사용했는데. 다른 어느 때보다 요긴하게 썼다. 하도 힘들어 지팡이에 몸을 의지해 쉬기를 몇 번이나 했던가. 고맙고 손에 익숙해져 친구 같은 지팡이를 걷기를 마쳤다고 획 내던지기가 못내 아쉬워, 도시에 들어서선 불편해진 지팡이를 계속 들고 갔다. 미련이 많은 탓이다.

2006년, 생장을 출발해 동쪽에서 서쪽으로 뻗은 약 800km의 길을 걸어 첫 번째 산티아고에 들어설 때였다. 마음이 급했던 걸까? 도시의 입구에서 대성당까지가 참으로 멀고도 멀게 느껴졌다. 2008년, 세비야를 출발해 남쪽에서 북쪽으로 오르는 약 1,000km의 거리를 완주했을 때에도 대성당의 종탑을 보고도 한참을 돌고 돌아 겨우 대성당에 당도했다는 기분이었다. 대성당의 오브라이도 광장으로 들어서는 골목길도 프랑세스 길을 마치고 들어서던 입구와 달랐다.

이번 산티아고 입성 때도 마찬가지였다. 남쪽 포르투갈의 리스보아에서 출발해서 북쪽으로 쭉 뻗은 600km의 길을 마치고 들어서는 길 또한 그랬다. 대성당으로 이르는 길은 역시나 힘들었다. 어쩌면 세 길 중 제일 길고 멀게 느껴졌다. 꼬불꼬불 도시의 골목길을 돌아 오브라이도 광장에 들어서니 우리가 들어서는 골목에 눈 빠지도

위 제프와 함께 재미있는 동상 앞에서.

아래 산티아고 순례자 사무실 앞에 완주 증명서를 받으려는 사람들이 줄지어 서 있다.

록 시선을 꽂고 기다렸을 얀과 제프의 아내가 환호성을 지르며 두 팔 높이 흔들고 우리를 맞이했다. 26일 만에 상봉하는 부부들은 끌어안고 입 맞추며 기쁨을 함께했다. 일주일 전에 도착한 아내들이었지만, 우리가 지나오는 알베르게로 버스를 타고 찾아올 수도 있었지만, 오늘 바로 여기, 이 대성당 앞에서의 상봉을 위해 기다리고 또 기다렸던 것이다. 나를 소개하기도 전에 얼른 끌어안으며 축하를 하니, 처음 만나는 얀과 제프의 아내가 오랫동안 보아온 사람처럼 친근하게 느껴진다.

우리는 예정대로 12시 순례자 미사시간 전에 도착했다. 방금 도착한 뜨거운 열정으로 대성당으로 들어서는데, 톡톡 튀는 발걸음으로 계단을 뛰어내려온 한 수녀님이 내 손을 덥석 잡았다.

"한국인이죠? 아유, 반가워요. 지금 도착하는군요. 수고했어요! 축하해요!"

반가움에 눈물까지 글썽이는 수녀님. 그저 한국인이란 사실 하나로 그토록 반갑게 맞아주신 그분은 독일에서 오신 토마 수녀님이다. 오랫동안 독일에 사시며 이번에 산티아고 길을 독일인 수녀님들과 함께 걸었고, 오늘 돌아가는 날이라고 하셨다.

대성당은 순례자 미사를 위해 모인 순례자들로 북적였다. 방금 도착한 이들은 상기된 열정으로 눈물을 흘리거나 얼굴 가득 기쁨이 넘쳤다. 어제쯤 도착한 이들은 함께 길을 걸었던 친구들이 궁금하여 두리번거리는 모습이고, 아마도 그제쯤 도착한 이들은 한결 차분하고 아쉬운 표정으로 자리에 앉아 있다. 오늘의 미사는 보타후메이로 없이 끝났다.

위 산티아고 순례자 협회에서 포르투갈 길을 완주했다는 증명서를 받은 안과 제프.
아래 "고통이 없으면 영광도 없다"는 글귀가 쓰여 진 티셔츠를 입고 서 있다.

산티아고 순례자 사무실 앞은 줄이 바깥까지 길게 이어져 있었다. 모두들 힘은 들었지만 성취감으로 상기된 표정이다. 우리도 자랑스럽게 크레덴셜을 내밀고 완주 증명서를 받았다. 서로 자랑스럽게 사진으로 인증 샷까지 마무리했다. 두 아내를 따라 오스탈로 가는 산티아고의 골목은 순례자들로 넘쳐났다. 나의 숙소도 이들과 같은 곳이다. 얀의 아내가 미리 예약해주었다.

한스 군터, 나의 비아 델 라 플라타 친구

각자 휴식을 취한 후 일행과 저녁을 먹으려고 골목길을 걸을 때다. 어디선가 내 이름을 부르는 소리가 들렸다. '어랏, 환청? 참 희한하네…'라고 생각하며 두리번거리는데, 주홍빛 플리스 스웨터를 입은 키 큰 남자가 성큼성큼 다가오는 게 아닌가. 우왓, 한스다. 한스 군터! 비아 델 라 플라타를 함께 걸었던 독일 쾰른에 사는 카미노 친구. 세상에 이렇게 만나다니. 얀과 제프는 길을 걸으며 내게서 한스 이야기를 들었기에 익히 들어 알고 있던 그를 만난 것을 반가워했다. 얀과 제프에게 양해를 구하고 한스와 함께 저녁을 먹으러 갔다. 우린 나눠야 할 얘기가 많았다. 정말 많았다.

한스! 그는 나와 함께 비아 델 라 플라타를 걸었다. 세비야에서 산티아고까지 이르는 동안 늘 함께했었다. 한스는 나의 동행자 이탈리아 베로나에서 온 친구 피아와 그 길 위에서 사랑에 빠졌었다. 한스는 아내가 암으로 숨을 거둔 뒤 혼자 살았다. 피아는 이혼하고 혼자서 두 딸을 키웠다. 이혼한 남편은 3년 전에 세상을 떠났고. 둘은 자연스레 서로의 외로움을 나눌 수 있는 그런 처지였던 거다. 산티아고

가는 길을 여러 번 걸으며 순례자들이 단 하룻밤의 풋사랑을 나누는 것을 보았다. 그러나 이 두 사람은 애당초 티격태격하던 사이였다가 오래도록 함께 여행하는 과정에서 알콩달콩 사랑을 키워갔다. 나는 옆에서 그 사랑이 무르익는 과정을 고스란히 지켜보았고.

사실 두 사람 사이에 오작교를 놓은 사람이 나였다. 산티아고에서 돌아와 한스와 주고받은 이메일을 통해 계속 두 사람의 소식을 들었다. 비아 델 라 플라타를 마치고 한동안 두 사람의 관계는 술술 풀리는 듯했다. 그러나 한스가 피아의 초청으로 베로나를 방문하고 돌아온 후, 그는 내게 피아와 이별했다는 날벼락 같은 소식을 전해왔다. 피아의 일방적인 결별 선언이었다.

한스에게 힘든 시간이 시작되었다. 정신과 상담을 받기도 했다. 그 후 한스는 피아를 잊으려고 피아와 함께 걸었던 길을 다시 걸을 것이라는 소식을 전해왔다. 내가 포르투갈 길을 계획한 때와 비슷한 시기이긴 했지만, 내가 산티아고에 도착할 때쯤이면 그는 이미 쾰른으로 돌아갔을 일정이어서, 한스를 이렇게 산티아고에서 만나리라고는 전혀 생각하지 않았다. 그런데 복잡한 미로 같은 산티아고의 골목길에서 우연히 만난 것이다.

"헤이, 킴! 시코쿠 88사찰 순례는 어땠어? 연락해서 함께 갔으면 좋았을걸. 내가 거기 가고 싶어하는 거 알잖아? 그리고 포르투갈 길은 어땠어?"

"우선 시코쿠는 동양인인 내게도 새롭게 다가오는 일본 문화를 즐길 수 있어서 좋았어. 포르투갈 길은 돌길과 아스팔트가 정말 많더라. 그건 시코쿠도 마찬가지였지. 그런데 이번에는 배탈과 물집으로 아주 고생이 많았어. 내가 이번 포르투갈 길을 끝으로 산티아고에는 당분간 가지 않겠다고 한 말을 아마 산티아고 성인이 들었는지, 더 많은 영광을 느끼게 하려고 그만큼의 고통을 느끼게 한 것 같아. 근데 한스! 난 한스가 여행을 마치고 독일로 돌아갔을 것이라고 생각했는데 어떻게 이곳에 아직 남아 있는 거야? 혹시 날 기다린 거야?"

한스가 잠시 생각에 잠겼다 이윽고 입을 열었다.

"킴! 왜 나한테 전화하지 않았어? 난 곰곰이 생각해봤지. 피아 때문에 킴이 나를 피하려고 하는 것은 아닐까? 뭐 이런 생각도 했지."

"어, 그건 아닌데. 난 우리 일정이 서로 다르니까 전화할 생각을 못 한 거야. 다른 뜻은 없었어."

난 한스와 피아의 이야기가 궁금했지만 묻지 못했고 한스 역시 피아와의 이야기를 쉽게 꺼내지 못했다. 우린 그렇게 한참을 다른 얘기들만 나눴다. 난 툭 터놓고 얘기를 꺼내 듣고 싶은 게 많았는데, 애꿎게 다른 이야기들로 변죽만 울리고 있었던 것이다. 아무리 궁금해도 한스의 마음을 새삼 아프게 헤집을 수는 없는 노릇. 아마 한스도 이런 나의 마음을 알았을 것이다.

베로나 여인들과의 사랑은…

한스가 식사를 멈추고는 가만히 나를 바라보며 말했다.

"킴! 이제 우리 할머니 이야기를 해야 하지 않을까?"

"할머니? 할머니라니, 그게 누구지?"

"베로나의 할머니 말야."

"아, 피아 말이구나! 그래, 큰딸이 애를 낳았으니 이제 진짜 할머니네. 한스가 괜찮으면 얘기해도 좋아. 피아 때문에 마음고생이 많았을 텐데, 먼저 물어보기 힘들었어."

"흠, 무슨 얘기부터 할까?"

"한스가 편한 대로 해. 근데 궁금한 것이 있네. 한스가 베로나의 피아 집에 갔었잖아. 피아는 우리와 걸으면서 매일 '인 이탈리아' 타령을 하면서 자기 집 금송아지 자랑이 대단했는데, 정말 그럴 만한 거야? 어땠어, 베로나?"

"응. 정말 그럴 만한 집에서 자랑할 만한 것들을 갖고 살더라구. 그리고 피아 집 주변에 엄마와 오빠, 딸이 모두 모여 살고 있었어. 피아 자신은 할머니가 되었지만 정작 엄마와 형제들에게서는 독립하지 못하고 살고 있는 것 같아. 우리가 헤어진 것도 피아의 엄마와 형제들의 반대가 있었기 때문이야. 피아의 가족들은 독일인을 무조건적으로 싫어하는 감정이 깊더라구. 오직 피아의 둘째딸 마리아 빅토리아만 내게 우호적이었지."

"흠, 그랬구나. 그래. 피아는 정말 한스를 사랑했어. 그건 틀림없을걸?"

"그건 나도 알아. 내가 마음이 아픈 것은 피아가 너무 외롭게 산다는 거야. 가족들이 쳐놓은 울타리에서 말이지."

"그래. 어쩜 피아 스스로 울타리에 갇혀 있는지도 모르지."

"피아는 불행한 결혼으로 폐쇄적이 된 것 같아. 피아의 남편은 피렌체의 가문 좋은 부자였고 잘생겼더라고. 피아 역시 베로나에서 오랫동안 좋은 가문이었다고 해. 그래서 두 사람이 만나 결혼했는데,

그 잘난 남편은 바람둥이였고, 피아와 결혼하기 전에도 사실혼 관계의 여자가 있었다고 하더라고. 그래서 이혼을 했고. 그리고 다시 전 남편과 재혼을 하였지만 재차 이혼을 했다더군. 그 뒤로 계속 친정 가족들의 단속과 울타리 속에서 살았던 거지. 그래서 피아가 다른 남자를 만나는 것을 두려워했고 이제껏 친구라고는 동료였던 여자 교사 한 명뿐이라더군. 그런데 여행 중 길에서 만난, 그것도 그의 가족들이 싫어하는 독일 남자와 연애를 하니, 가족들이 피아를 들볶으며 많이 힘들게 했나봐. 피아와 여행할 때 마치 어린 소녀처럼 그녀의 엄마에게 일일이 보고하던 거, 기억하지?"

보따리를 풀기가 어려웠지, 일단 말문이 터지고 나니 한스의 피아 얘기는 끝이 없었다. 얘기를 풀어놓는 한스의 얼굴에는 아직도 피아에 대한 그리움이 가득했다. 피아를 잊기 위해, 같이 걸었던 비아 델 라 플라타를 다시 걸어 입성한 산티아고. 거기서 한스는 나를 기다렸던 건지도 몰랐다. 그 얘기를 나에게 들려주며 다 풀어헤쳐버리는 것으로 자신의 마지막 세리머니를 하고 싶었던 건지도 모르겠다.

"한스! 피아와 계속 친구로 지낼 수는 없었을까?"

"킴! 피아가 고집이 세잖아. 그녀가 No라고 하면 그건 절대 No야. 내가 고민도 많이 했어. 비행기를 타고 베로나로 가서 피아에게 내가 왔다고 하면 그녀가 나올까? 그럼 가볼까? 그런 생각도 했지. 피아가 내가 왔다는 전화를 받으면 어떻게 했을 것 같아?"

"글쎄… 난 피아가 반가움에 한스를 보러 나갈 것 같은데?"

"아니, 피아는 나오지 않을 거야. 왜냐하면 가족과 상의할 테니까."

"와! 「로미오와 줄리엣」이 생각나네. 그 작품 무대도 베로나잖아.

그때도 가문끼리 악다구니하느라 비련의 젊은 커플이 생겨나더니….
베로나 여인들과의 사랑은 비극으로 끝나나봐, 한스."

"그래. 난 좋은 추억만 가지고 갈 거야. 피아와 함께 걸었던 길을 걷고 피니스테레에 가서 함께 묵었던 호텔에 가서 피아와의 행복했던 시간들을 다 정리했어."

"한스! 나도 하소연 좀 하자. 나, 지난번 같이 걸을 때 한방에서 연인 사이에서 자느라 엄청 고생했다? 그래, 나 떠난 후엔 피아와 둘이 잘 잤지? 신혼여행 기분으로 피니스테레도 가고 말야. 하하하~"

한스는 마음이 많이 편해진 듯했다. 그래, 한스가 피아에 대해 편하게 이야기할 사람으로는 내가 적격이었을 것이다. 그는 마음에 담아두었던 이야기를 모두 풀어내듯이 자리를 옮겨가며 그 이야기를 내게 들려주었다. 한스는 사랑했던 여인을 만난 그 길을 이듬해에 홀로 다시 걸으며 그녀를 마음속에서 놓아버릴 수 있었다. 착하고 순수한 남자, 눈물도 많고 감성도 풍부한 남자, 예순넷에 사랑의 열병을 잘 견뎌내고 이별의 아픔을 쿨~하게 정리한 남자. 그리고 외롭지만 자신을 잘 돌볼 줄도 아는 남자. 한스 군터! 하늘이 그대에게 꼭 참한 여자와의 인연을 곧 허락하리라!

Day 28

산티아고 데 콤포스텔라

Santiago de Compostela

모시한복 세리머니

아주 편하게 늦게까지 잠을 잤다. 11시에 순례자 미사를 보러 갈 때까지 혼자 방에서 뒹굴거리며 쉬었다. 이번 포르투갈 길을 준비하며 특별히 챙겨온 것이 있었다. 바로 모시한복이다. 동정이 구겨지지 않도록 잘 접어서 배낭에 넣어 왔는데 밤에 잠들기 전에 오스탈 주인에게 다리미를 빌려 다려놓았다. 이번으로 산티아고 가는 길 카미노 도보여행 세 코스를 마무리하게 된다.

순례자를 위한 미사에 참석한 한스와 나 그리고 얀과 제프

그래서 나름 아쉬운 마음에 한복을 챙긴 것이다. 난 늘 전통 모시한복으로 여름을 난다.

어느 곳에 있건 여행 중에도 입었다. 연두색 은은한 모시한복은 특히 내가 좋아하는 것. 그런데 날씨가 도와주지 않는다. 비가 오락가락하니 말이다. 그래도 불편함을 감수하고 오랫동안 짊어지고 온 수고를 생각하여 비가 와도 입기로 했다.

미사를 보러 갈 채비를 하는데 성질 급한 제프가 나갈 채비를 하고 아내와 함께 내 방문을 두드렸다. 한복을 입은 내 모습을 보더니 깜짝 놀라는 부부. 얀의 부부가 내려오더니 원더풀을 연발한다. 매일 선머슴 같은 차림새로 여행하다 우아한 한복을 입으니 덜렁거리던 내 걸음도 고운 태 내려고 얌전해졌다. 다행히 가늘어진 빗줄기 속으로 우산을 쓰고 걸어갔다. 비가 오는 탓에 오브라이도 광장은 비었고, 일찌감치 자리를 잡고 앉은 순례자와 관광객으로 대성당 안은 북적거렸다. 드디어 순례자를 위한 미사가 시작되었다. 그리고 기다리던 순간! 귀 기울여 듣는다. 프랑세스 길과 비아 델 라 플라타, 그리고 맨 나중에 "리스보아에서부터 걸어서 산티아고에 온 우노 코레아와 도스 홀란다!" 얀과 제프 그리고 나는 엄지손가락을 치켜세우며 서로를 축하했다. 마지막으로 커다란 향로가 대성당을 휘익~휘익~ 날아다니며 순례자들의 긴 여행을 축하하는 행사인 보타후메이로를 끝으로 우리의 세리머니는 끝이 났다.

저녁에는 얀과 제프의 가족들 그리고 한스까지 함께 저녁을 먹었다. 얀 일행은 내일 새벽에 떠날 것이고, 난 하루 더 머문 뒤 도로 리스보아으로 돌아가 카미노 루트에서 벗어난 다른 도시들을 이곳저곳 둘러볼 계획이다.

Day 29

산티아고 데 콤포스텔라

Santiago de Compostela

새벽, 얀과 제프가 가족들과 함께 떠났다. 우리 만남의 시작은 천천히 걸으며 오랜 시간이 걸렸지만, 헤어짐은 가벼운 포옹과 언젠가 다시 만날 것이란 희망을 두고 날쌘 차를 타고 짧게 끝났다. 홀로 돌아서 어두운 방에 들어서니 팽팽하게 눌려 있던 용수철이 튕겨오르듯 진한 외로움이 울컥 솟았다.

혼자 남은 외로움과 피로를 늘어지게 자면서 풀었지만 뭔가 싱거운 느낌이다. 이른 아침의 상쾌한 공기를 쐬며 배낭 짊어지고 새로운 거리에 들어서지 않아서일까? 포르투갈 길에서 만난 이들 중에 미처 만나지 못한 친구들을 찾아볼 겸, 한국에서 온 순례자도 있으면 만나볼 겸, 대성당으로 갔다. 여전히 비가 내려 추운 탓에 오브라이도 광장은 한산했고 대성당 안은 북적거렸다. 거의 모두 대성당의 제단 앞으로 왔다 가기에 앞자리에 앉아 있으면 찾고자 하는 이는 다 볼 수 있다. 앞자리에 앉아 오가는 이를 살펴보는데 새까맣게 그을린 한국인이 옆으로 왔다. 최호성 씨! 방금 도착한 그는 피곤한 기색 없이 하얀 이가 돋보이도록 만족한 기쁨과 에너지가 넘치는 모습이다.

"혹시 김효선 씨 아니세요? 아 네, 스페인어 똘이 선생님한테 포르투갈 길 떠나셨다는 얘기를 들었어요. 그리고 산티아고를 준비하며 선생님 책을 읽었어요."

"어머나 감사해라. 그래, 길에서 동행한 한국분이 많으셨어요?"

"네, 여러 명이었어요. 전 방금 도착했는데 이따 광장에서 모두 만날 거예요."

미사가 시작되자 중앙 제단 앞 의자에 갑자기 한국인 세 명이 들어와 성급히 앉았다. 와! 성당에 모인 그 많은 사람 중 제단 앞 특별석에 앉은 세 명의 한국인이 왠지 나의 어깨를 반듯하게 할 정도로 자랑스러웠다. 경황 중에 앉아 있는 듯한 이들을 위해 선물할 마음으로 이들이 미사 보는 모습을 동영상으로 담았다. 산티아고 대성당에서는 미사 보는 중에 동영상과 사진 찍는 일을 제지하지 않는다. 몇 년에 걸쳐 수차례 대성당의 순례자 미사에 참석했지만 제지하는 것을 보지 못했다. 조용히 앉아서 동영상을 찍는데 한 아저씨가 태클을 건다. 주변의 다른 사람들은 플래시 터뜨리며 사진을 찍어대도 제지하지 않는데 유독 내게만 뭐라고 하다니. 그의 시야가 방해되는 것도 아니건만…. 화사한 미소 한 번 지어주며 그의 태클을 슬며시 무시하고 꿋꿋하게 기록을 남겼다.

미사가 끝난 후 나의 기록물을 선물하기 위해 특별한 세 분을 만났다. 세례명으로 안젤라, 크리스티나 그리고 브라질에서 오신 교포 베드로 님이다. 베드로는 브라질 상파울루에 살며 추기경님의 성인

복사를 하는데, 산티아고 대성당의 주교님과 절친이시라고 한다. 그 덕에 순례 미사를 집전하시는 주교님의 배려로 이 세 분이 경황 중에 특별석에 앉게 되었다는 것이다.

점심에 대성당에서 만나기로 한 한스가 미사가 끝날 무렵 나타났다. 모두 오브라이도 광장으로 갔다. 그곳에 안젤라와 함께 먼 길을 걸어온 한국 친구들이 모여 있었는데 정나래 학생과 최호성 씨 그리고 스페인에 유학을 온 여학생 두 명이었다. 한스를 소개하고 이들과 함께 카페로 갔다. 대부분 나의 책을 읽은 독자들이어서 한스를 소개했다. 한스는 이번에도 내 책에 등장한다며 자신의 주소와 멋진 사진을 올려서 한국 여인과 사귀고 싶다고 농담까지 했다.

안젤라(최선희), 그녀는 먼 길을 무거운 배낭을 메고 걸으면서도 길에서 만난 한국에서 온 카미노 친구들을 자식 돌보듯 챙기는 것은 물론 주변의 외국인들까지 먹을 것을 챙겨주며 함께 왔다고 한다. 정이 많고 베풂이 따뜻한 여인이다. 숙소를 정한 뒤 밤에 다시 만나기로 하고 한국 친구들과는 헤어졌다. 내일이면 한스는 산티아고를 떠난다. 저녁을 함께하며 우리가 함께 걸었던 비아 델 라 플라타의 친구들과 피아와의 즐거웠던 이야기를 나누며 언젠가 다시 만날 것을 기약하고 헤어졌다. 한스의 쓸쓸한 마음을 어찌 다 헤아리겠는가마는 그래도 짐작이 가고도 남는다. 서울에 오라고, 쾰른에 오라고, 서로 인사를 하며 짐짓 쿨하게 헤어졌지만 그의 마음이 얼마나 슬프고 허전할지 나는 이해한다. 한스, 피아에 대한 감정에서 벗어나는 데는 앞으로도 좀더 시간이 걸릴 거야. 하지만, 한스, 당신은 잘 해낼 거야. 힘을 내, 나의 친구 한스. 우리 꼭 다시 만나자~!

Day 30

산티아고 데 콤포스텔라

Santiago de Compostela

네 번째 산티아고를 떠나며

밤에 다시 만나 수다를 떨자고 했던 한국 친구들과 다음 날 아침에 대성당에서 만나기로 약속을 바꿨다. 이른 아침 대성당으로 갔지만 이들과는 만날 수 없었다. 이들과 함께 코루냐나 물시아로 가서 놀다 천천히 리스보아으로 갈 생각도 해봤는데, 만날 수가 없으니 혼자 포르투갈로 돌아가려고 기차역으로 발길을 옮겼다.

도중에 아침식사를 위해 카페로 갔다. 혼자 아침을 먹으며 책을 보는데, 누가 어깨를 툭 쳤다.

"헤이, 킴! 아니, 이렇게 빨리 만나면 어떻게 해. 내년쯤이나 내후년쯤 봐야 하는 거 아냐? 왜 혼자 있는 거야? 한국 친구들이랑 같이 놀다 간다더니?"

한스였다.

"글쎄 말야. 너무 빨리 만났지? 하하. 한국 친구들이랑 연락이 잘 되지 않아 못 만났어. 그래서 리스보아으로 돌아가려고 해. 가면서 이런저런 도시를 둘러보면서 내 비행 스케줄을 맞추려고. 시간이 남아 밥이나 먹고 기차를 타려고 이 카페에 왔지."

"아, 킴! 이렇게 만나면 안 되는데…."

"안 될 게 뭐 있어. 난 좋은데."

"난 왜 내가 좋아하는 여자들을 늘 먼저 보내야 하지? 그게 싫어. 내 아내도 그랬고, 피아도 이곳에서 비행기로 먼저 보내고서 혼자 하루 동안 쓸쓸하게 보내다 쾰른에 갔었지. 난 오후 비행기라고. 근데 킴이 여기 있는데…. 내가 또 킴을 마중해주어야 하잖아. 난 이제 그런 기분 느끼고 싶지 않아. 우울하고 쓸쓸해."

"괜찮아, 한스. 나 배웅 안 해줘도 돼. 혼자 씩씩하게 잘 갈게."

밥을 먹는 내내 한스의 기분을 즐겁게 해주려 했지만 별 효과가 없었다. 한스는 마치 큰 결심이라도 한 듯 "내가 데려다주지"라며 앞장서 일어섰다.

기차역은 한산했다. 마침 30분 뒤 출발하는 기차가 있었다. 산티아고가 종착역인지라 텅 빈 열차가 이미 플랫폼에서 승객들을 기다리고 있었다. 거기서 한스와 무슨 얘기를 나누었는지는 기억에 없다. 그저 우울한 한 남자의 이미지로 기억날 뿐이다. 짧은 포옹으로 인사를 나누고 기차에 올랐다. 창밖을 내다보니 한스가 떠나지 않고 서 있었다.

내 자리는 통로 쪽이었다. 창가에 앉은 할머니가 창밖의 한스와 내 표정을 번갈아 살피더니 슬그머니 자리에서 일어나 내게 창가 자리를 내주셨다. 헤어지는 연인들에게 좀더 가까이에서 바라보라고,

당신은 아예 통로에 서서 부드러운 미소를 지으며 어서 창밖을 내다보라고 내게 연신 손짓을 하셨다. 이런! 할머니의 애틋한 마음 씀씀이 때문에 내 맘은 더 어색해졌다. 뭐 애틋한 연인과의 이별도 아닌데, 창밖 내다보며 뭘 해야만 하는 상황이라니…. 한스의 마음은 이해하겠지만 난 그저 쑥스러울 뿐이고, 이렇게 짐짓 로맨틱한 상황에 대처하는 내 능력은 애석하게도 젬병인데. 창문에 손을 마주대고 사랑하는 눈빛을 교환하며 곧 만날 것을 기약하는 그런 영화의 한 장면을 연출하기는커녕, 난 그 어정쩡한 순간이 후딱 끝나도록 기차가 얼른 떠나주었으면 하는 마음뿐이었다.

창밖에서 입을 굳게 다물고 서 있는 한스. 가만있는데도 점점 얼굴이 붉어지는 게 울음을 참으려는 어린 아이 같았다. 비아 델 라 플라타에서도 그가 울면서 길을 걷는 것을 본 적이 있었다. 눈물을 잘 흘리는 한스. 그는 눈물을 참고 있는 게 분명했다. 쿨한 척하지만 마음이 짠했다. 드디어 기차가 서서히 움직이자 한스가 손을 흔들며 기어이 눈물을 흘리고 말았다.

언제 내가 다시 산티아고를 방문할지 모르겠다. 그러나 다시 이런 말을 들으며 산티아고를 떠나는 일은 없을 것 같다. 산티아고 성인이 내게 그동안 여러 차례 먼 길 오가며 수고했다고, 저 멀리 한국에 산티아고 가는 길을 알리는 데 열심이었다고 격려하기 위해 들려주는 말은 아닐까? 한스의 입을 빌려서 말이다.

"난 너를 영원히 잊지 못할 거야, 킴. 내 마음에 소중히 담겨진 사람이니까."

Epilogue

걷기 시작하면 꿈에 날개가 돋을 것이다

걷는 여행자에게 걷기는 여행의 수단이 아니라 목적이다. 장거리 걷기로 몸을 튼튼하게 다지기도 하지만, 걷다보면 자신도 모르는 사이 홀연 명상의 시간이 펼쳐지고 마음의 먹구름이 걷히며 정신이 맑게 갠다. 새로운 전기를 마련한 정신에, 몸은 더욱 높아진 자신감과 더욱 커진 가능성으로 화답한다. 도보여행은 적은 것(딱 필요한 만큼의, 넘침이 전혀 없는 음식과 숙소, 옷가지)에 만족할 줄 아는 소박함 속에서 삶을 되새김해보는 소중한 기회를 선사한다.

소박하다, 그것은 걷는 여행의 중요한 열쇳말이다. 걷는 여행에는 사치품이 필요없다. 편한 길, 빠른 길을 마다하고 멀리 돌더라도 자연 속으로 걷는 게 장거리 도보여행자들을 매료시키는 희한한 매력이 있다. 걷는 여행자는 스스로 불확실하고 위태로운 길을 선택한 '자발적 문명 탈출론자'들이다.

우리는 도시에서 문명을 누리며 좀더 많은 안녕과 안락을 위해 날마다 분전한다. 그 안녕의 안락함과 그 분전의 속도감에 너무나 길들여진 나머지, 도시문명을 자발적으로 탈출하기에는 불가능에 가까울 만큼 어렵다. 걷기 여행은 그 불가능의 철옹성에도 빈틈이 있다는 걸 몸으로 일깨워준다. 모든 여행이 사람을 바꾸지만, 걷기 여행

은 더 근본적인 변화를 불러일으킨다. 걷는 여행자는 안락한 관습과 풍습을 스스로 벗어던지는 경험을 하고서, 도시로 돌아온다. 그들의 몸은 '다른 공기를 마시는 희열'을 맛보며 자연의 본능과 리듬에 완벽하게 합일하는 체험을 거쳤다. 그들의 정신은 소박함의 세례를 흠뻑 받아 넉넉한 여유의 공간으로 포맷되었다. 이제 그들이 몸으로 일궈낸 이 소박한 걷기 체험이 난공불락 같던 도시도 얼마든지 새롭게 인간의 몸에 알맞게 바뀔 수 있는 것임을 깨닫게 한다.

바꾼다, 그것은 걷는 여행의 또 다른 주요 열쇳말이다. 걷는 여행자들이 많아지면 우리의 무지막지한 자동차 도시도 어느새 걷고 싶은 도시로 바뀐다. 그런 꿈을 꾸고 그런 가능성을 믿는 사람들이 자꾸 이 척박한 도시를 걸어야 한다. 사람 사는 세상을 그리는 꿈은 걷는 몸을 만나 현실화할 에너지를 얻는다. 그런 의미에서 걷는 여행자는 이미 현재를 넘어선다. 걷는 발걸음이 벌써 미래에 한 발 걸치고 있는 것이다. 현재와 미래를 잇는 띠, 걷는 여행자는 그런 길을 내고 있다. 걷는 여행자는 그래서 바꾸는 여행자다. 자신의 몸과 맘을 바꾸고, 나아가 자기 주변을, 자기 도시를 바꾼다.

걷기는 물론 작디작은 도시혁명이다. 하지만 생각해보라. 불과

100년 전 한반도에서는 모두 걸었다. 걸어서 모든 살림살이를 해결했다. 이제 너무 커져서 어쩔 수 없이 걷기로만은 안 된다는 건 어쩌면 너무 안이한 현실 수긍이고, 그래서 이데올로기인지 모른다. 다시 생각해보라. 우린 지금도 엄청 많이 걷고 있다. 주말이면 대도시 주변 산은 걷는 사람들로 꽉 찬다. 걷고자 하는 욕망, 그것은 우리 몸의 명령이고 우리 맘의 탈출구다. 자, 그러니, 안 될 거 뭐 있는가, 라는 그런 생각, 하면 안 될까? 걸어서 안 될 게 뭐람? 그 생각은 우리가 지금 할 수 있는 가장 혁신적인 생각이 될지 모른다. 그렇게 해서 풀릴 일이 한두 가지가 아님은 언뜻 생각해봐도 자명하다.

작은 움직임이 큰 움직임을 불러일으킨다. 걸으며 몸을 움직이고 맘을 색다른 쾌감으로 출렁이게 한 사람들이 우리 삶터와 일터의 주변도 다른 방향으로 움직이게 한다. 모두가 "걸어서 안 될 게 뭐람?" 이라고 생각하는 순간, 걷기는 정말 큰 도시혁명이 된다. 도시의 판도를 완전히 뒤바꾸어놓을, 그런 거대한 혁명!

그래도 당장은, 지금 작게 걷고 있는 여행자를 나는 예찬한다. 그들은 오늘 새벽에도 신발끈을 동여매고 있다. 뜬눈으로 밤을 지새운 작은 새들이 자연이 그들의 본능을 일깨우는 대로 노래를 부르듯,

걷는 여행자들은 오늘도 떠오르는 새벽 햇살을 헤치고 지구의 어느 한 표면을 굳센 발로 디디며 한 발 한 발 앞으로 나아가고 있다. 어디로 가는 게 아니다. 그 한 발 한 발이 목표다. 땅과 지구와 대기와 공감하고, 자기와 동행과 세계와 교감하는 그 발자국들. 그 행보가 모이고 모여 '나'가 되고, '우리'가 되고, '도시'가 되고, '세계'가 된다.

루소는 계몽의 미래를 두고서 "자연으로 돌아가자, 문명인이 되어"라고 제안했다. 근대적 계몽의식으로 거듭난 문명인과 자연의 조화로운 관계 맺기를 제안한 것이다. 어느덧 짐짓 암울해 보이는 우리 시대의 문명, 그 미래를 향한 나의 제안은 이렇다.

"도시로 돌아가자, 걷는 여행자가 되어!"

소박한 산티아고 가는 길은 나를 속속들이 바꾸어놓았다. 내 몸과 내 맘을! 내 아량과 내 견해를! 나는 지금 우리 도시가, 우리 땅이 걷기 좋은 도시, 걷고 싶은 땅으로 거듭나기를 간절히 소망하며 열심히 뛰고 있다. 예전에는 상상도 못했을 일이다. 이젠 상상뿐만 아니라 실천도 한다. 걷기 시작하면 당신의 꿈에도 날개가 돋을 것이다. 반드시!

포르투갈 길 숙소와 시설(숙소명 앞에 • 표시가 된 곳은 실제 김효선이 묵은 곳)

김효선의 일정	지명	구간거리 km	누적거리 km	시설정보 및 이용요령
Day 01~02	LISBOA	0	0	펜상 이베리카(PENSÃO IBERICA) 위치 리스보아 피게이라 광장 숙박비 20유로/전화 21-886-7026/21-886-5781
Day 01 ~ 03	SACAVÉM	13.2	13.2	바/상점/식당
	ALPRIATE	9.1	22.3	바
	PÓVOA DE SANTA IRIA	3.8	26.1	바/빵집/약국
	ALVERCA DO RIBATEJO	4.8	30.9	바/식당/봄베이로스(소방서)
	ALHANDRA	5.0	35.9	바/식당
	VILA FRANCA DE XIRA	3.5	39.4	모든 편의시설 • 빌라 프랑카 레지덴시알 훌로라(VILA FRANCA RESIDENCIAL FLORA) 숙박비 25유로 아침 포함/전화 263-271-272 1. Bombeiros Voluntarios 소방서(봄베이로스, 무료 숙소) 2. Pensao Ribatejana. rua da praia(gare) 18유로
Day 04	VILANOVA DA RAINHA	12.3	51.7	슈퍼와 바/빵집

김효선의 일정	지명	구간거리 km	누적거리 km	시설정보 및 이용요령
Day 04	AZAMBUJA	7.2	58.9	모든 편의시설 있음/ • 봄베이로스(무료 숙소) RESIDENCIAL FLOR DE PRIMAVERA/위치 기차역 근처/더블 30유로 도시 빠져나가기: 아잠부자에서 출발 시 기차역에 있는 육교를 통해 기차역을 넘어 카미노 길을 가야 한다. 잘못하면 하이웨이로 빠질 수 있으니 꼭 지도를 볼 것! 지역 주민은 빠르게 갈 수 있다고 하이웨이를 서슴없이 가리킨다.
	REGUENGO	10.7	69.6	
	VALADA	2.5	72.1	바/식당/상점
Day 05	SANTARÉM	18.8	90.9	대도시/모든 편의시설 있음 봄베이로스(어떤 경우는 6월 1일부터 제공한다. 상황에 따라 다르니 먼저 찾아가 숙박이 가능한지 확인한 후 다른 숙소를 찾아보는 것이 좋을 듯.) RESIDENCIAL MURALHA/1인 30유로 • PENSAO RESIDENCIAL VICTORIA/도미토리 3인실 20유로 숙소 찾아가기: 산타렘에 들어서면 보이는 이글레시아와 붙어 있는 SANTA CASA DE MISERICORDIA를 왼쪽으로 끼고 돌아가다 첫 번째 골목을 끼고 좌회전해서 내려간다. 거의 골목 끝에서 오른쪽에 간판이 보인다. 글로 쓴 설명보다는 훨씬 찾기 쉽다. 이글레시아 주변에 대형 쇼핑몰이 있어 편리하다.
Day 06	AZOIA DE BAIXO	7.5	98.4	카페

Day 06	ADVAGAR	6	104.4	
	SANTOS	2.5	106.9	
	ARNEIRO DAS MILHARICAS	4.5	111.4	바/식당/수퍼/숙소 • CASA O PRIMO BAZILIO 25유로 아침 포함. 이글레시아 바로 옆 주인이 없으므로 옆에 있는 슈퍼 주인에게 전화를 해달라고 부탁하면 집주인이 온다. 전화 243-449-847/243-440-480/914 846-135
Day 07	CHA DE CIMA	2.5	113.9	
	MONSANTO	6	119.9	바
	COVÃO DO FETO	4.5	124.4	
	MINDE	5.5	129.9	바/식당/대형 마켓/숙소 • BOMBEIROS MINDE(소방서, 무료 숙소)
Day 08	COVÃO DE COELHO	3.7	133.6	카페/숙소
	GIESTEIRA	7.5	141.1	카페/식당
	COVA DA IRIA SANCTUÁRIO DE FÁTIMA	7	148.1	모든 편의시설 있음 • 순례자 숙소. SANTUARIO DE FATIMA ACOLHIMENTO S. BENTO LABRE(기부금)
Day 09	FONTAINHAS	3.8	151.9	

김효선의 일정	지명	구간거리 km	누적거리 km	시설정보 및 이용요령
Day 09	GONDEMARIA	6.5	158.4	카페+빵집
	SOUTARIA	1.5	159.9	
	TOMAREIS	1.7	161.6	
	CAXARIAS	5.5	167.1	바/카페/식당/숙소/대형 마켓 • RESIDENCIAL–RESTAURANT MANALVO/1인 20유로, 2인 30유로+아침 레지덴시알은 기차역 바로 앞이다. 마을을 다시 빠져나갈 때는 마을 입구의 성당으로 나가 성당을 왼편으로 끼고 대로를 따라간다.
Day 10	PISOES→ÁGUAS FORMOSAS→RIO DE COUROS	5	172.1	이 구간에는 화살표가 드물다. 길에서는 마을 이름이 적힌 안내판을 따라가면 된다. PETRO IBERICA(주유소에 카페가 있다)→VALONGO→BEM VINDO A VILA DE FREIXIANDA→PERUCHA, LAGOA DO GROU(노란색 화살표가 있다)→론다(원형교차로)에서 직진 방향인 PERUCHA로 간다. 폐쇄된 낡은 교회 앞을 지난다.
	GRANJA-PÓVOA(cafe)	6	183.6	
	S. JORGE→ARNEIRO–AN-SIÃO, ALMOSTER 방향 우회전 화살표시 있다.	5	188.6	ALMOSTER 다리를 건너 직진하여 ROMILA가 보일 때까지 간다. [주의] 다리 주변에 노란색 화살표가 우측으로 빠지도록 되어 있지만 가면 다른 길이다. 다리 건너 직진하여 ROMILA가 보일 때까지 간다.→CASAL NOVO→길 바닥에 N350 도로 표시가 있다.

Day 10	ANSIÃO	8	196.6	'ANSIÃO 8KM' 표지판을 따라 좌회전하여 언덕길을 오른다. 길바닥에 M348 표시. 계속 직진→MURTAL→S. JOAO DE BRITO →MARTIM VAQUEIRO→CAVADAS→PINHAL-REPSOL(주유소, 카페도 있다)→ANSIÃO 도착→센트로 계속 직진한다. ANSIÃO는 작은 도시/모든 편의시설 있음 · RESTAURANTE NOVA ESTELA/1인실 15유로 아침 불포함. 9일째 이 길에서는 간식과 물을 넉넉히 사두는 게 좋다.
	ALVORGE	8	204.6	바
	RABACAL	7	211.6	바
	ZAMBUJAL	4.5	216.1	바
Day 11	FONTE COBERTA	2.5	218.6	이곳을 지나 보게 되는 도로표지판에 Caminho de santiago, Ponte filipina 1636-1637과 화살표시가 되어 있다. 그 표시판과 기둥에다 누군가 역방향의 노란색 화살표를 페인트로 그려놓았다. 이 길은 과수원과 산길을 따라가는 길이다. 길은 험하지 않고 아름답다. 계속 가다보면 몇 채의 집이 모여 있는 마을을 지나는데 노란색 화살표시가 잘 되어 있고 즐거운 길이 끝나면 코임브라 로마유적지를 만나게 된다. 일부러 코임브라에서 버스를 타고 오기도 하는 곳이니 꼭 들러볼 것! 물론 도로표지판을 따라가도 길은 안내가 되어 있을 것이다.

김효선의 일정	지명	구간거리 km	누적거리 km	시설정보 및 이용요령
Day 11	CONIMBRRIGA	3.5	222.1	코임브라가 유적지를 지나 만나는 카페와 그 옆에 도자기 특산품 매장이 있다. 이 카페를 왼쪽으로 두고 계속 가면 코임브라 가는 길이 이어진다. 만일 콘데익사 아 노바에서 잠을 자려면 카페와 도자기 매장을 오른쪽으로 두고 자동차 길을 따라 걸어 들어가면 된다. 다음 날도 이 루트를 따라와 카페에서 출발하면 된다. 콘데익사 마을에도 빠져나가는 길이 있겠지만 찾기가 매우 어려웠다.
	CONDEIXA A NOVA	2.5	224.6	모든 편의시설 있음 소방서는 6월부터 순례자에게 개방된다고 함. · RESIDENCIAL E RESTAURANTE CENTRAL AVENIDA ANTONIA DE JESES ANTUNES/1인 15유로, 저녁식사 7유로 소방서 가는 길에 레지덴시알이 있다. 일단 소방서 먼저 가보고 거부당하면 뒤로 돌아와 숙소를 잡는 것이 좋을 것 같다. 출발은 콘데익사로 들어갔던 카페로 다시 나와 좌회전한다.
Day 12	SERNACHA	6	230.6	바
	POUSADA	1	231.6	
	ANTANHOL	4	235.6	
	CRUZ DE MO-ROUCOS	1.8	237.4	바

Day 12	COIMBRA	5	242.4	대도시/모든 편의시설 있음 • LARBELO RESIDENCIAL/포르타젱 광장 바로 옆 3인실 15유로, 1인실 20유로. 시설과 위치에 비해 저렴한 숙소다. 코임브라는 대학의 도시여서인지 저렴한 숙소가 많다. 1. 유스호스텔: 호텔 아스토리아 앞에 있는 버스정류장에서 7번을 타고 LICEU JOSA FALCEO에서 내린다. 08:00–12:00 18:00–24:00에 문을 연다. 참고: 시내에 있는 저렴한 숙소에 머무는 게 낫다. 버스 타고 오가는 것보다. 2. 봄베이로스: 무료 숙박을 원하면 시도해볼 것. 소방서에서 계절에 따라 숙박을 제공하기 때문이다. 3. 기타: 포르타젱 광장과 아스토리아 호텔 주변에 저렴하고 깨끗한 숙소가 많다. 도시 빠져나가기: 코임브라를 빠져나갈 때 포르타젱 광장에서 몬데구 강을 따라 북으로 간다. 하이웨이 다리 아래를 통과하고 기찻길을 건넌다. 화살표시 넉넉함.
Day 13	ADÉMIA DA BAIXO	5.8	248.2	카페
	CIOGA DO MONTE	2.6	250.8	카페
	ADÕES	1.6	252.4	카페/식당/상점
	SARGENTO MOR	1.2	253.6	카페/상점
	SANTA LUZIA	1.6	255.2	카페/식당

김효선의 일정	지명	구간거리 km	누적거리 km	시설정보 및 이용요령
Day 13	MEALHADA	9.6	264.8	도시/모든 편의시설 있음 • 봄베이로스: 무료 숙박을 원하면 시도해볼 것. 계절에 따라 숙박 제공함. 1. Pension Castela/주소 Rua Dr. Paulo Falcao/1인 15유로 2. Pension Residencia Oasis/주소 Estrada Nacional 1/더블 2인 38유로 숙소 찾아가기: 메알랴다에 도착하면 론다를 만나는데 론다의 가운데는 와인통 위에 술잔을 들고 앉아 있는 바쿠스가 있다. 기찻길을 건너는 다리를 지나면 대형 마트(INTER MARCHE)를 만난다. 마트에서 오른쪽으로 따라난 길을 가면 교회 옆에 소방서가 있다. 소방서 안의 대형 체육관에서 잠을 재워준다. 도시 빠져나가기: 메알랴다를 빠져나가는 길은 소방서에서 맞은편 상가를 바라보고 오른쪽에 론다가 있다. 그곳에서 상가를 왼쪽으로 끼고 대로를 내려가면 사거리가 나온다.(직진하면 camara municipal, estacao 표시가 되어 있다. 시청과 기차역임. 직진하지 말 것) 사거리 코너에 멋있게 장식한 약국 표시가 걸려 있다. 마주보는 곳에 카페가 있다. 그쪽으로 우회전하여 좀 좁아진 길을 가는데 이내 노란색 화살표가 나온다.
Day 14	ALPALHÃO	3.4	268.2	
	AGUIM	1.5	269.7	
	ARCOS	4.4	274.1	카페
	AVELÃS DE CAMINHO	4.2	278.3	카페/식당
	AGUADA DE BAIXO	4.2	282.5	빵집/카페/약국

Day 14	AGUEDA	7.4	289.9	모든 편의시설 있음 숙소 찾아가기: 아게다 강을 건너는 다리를 지나 우회전하면 이 도시의 가장 아름다운 거리를 지난다. 짧은 거리다. 계속 직진하면 멀지않아 오른쪽에 소방서가 있다. ・봄베이로스(소방서, 무료숙박): 시설 이용 편리하고 위치도 좋음 1. RESIDENCIAL CELESTE 주소 Estrada Nacion al N'1/1인 30유로, 2인 40유로 2. CAFE&BAR VASCO DE GAMA 도보여행자에게 방을 내준다고 한다. 1인당 10유로. 도시 빠져나가기: 아게다를 빠져나가는 곳은 아게다 들어올 때 건넜던 다리를 기준으로 하여 이번엔 좌회전이다. 강을 따라간다. 강가에는 철 난간과 함께 멋진 아줄레주로 장식되어 있다. 화살표시는 잘 되어 있다.
Day 15	MOURISCA DO VOUGA	5.2	295.1	
	SEREM DE CIMA	5.9	301	
	ALBERGARIA A VELHA	5	306	모든 편의시설 있음 숙소 찾아가기: 화살표를 따라 일단 소방서를 찾아간다. 소방서에서 사제관으로 데려다주거나 위치를 일러줄 것이다. 위치는 소방서에서 가까운 교회 앞이다. 사제관(casa padre) 맞은편에 bar cafe latino가 있다. 사제관에는 할머니가 열쇠를 갖고 계시는데 초인종을 열심히 눌러 순례자임을 밝힌다. 숙소는 사제관 바로 옆의 건물이다. 샤워는 소방서에서 하고 카림보(도장)도 소방서에서 받아둔다. ・CASA PADRE & 봄베이로스(무료 숙박) 1. PENSAO PARENTE Rua Dr. Brito Guimaraes. 2. PENSAO ALAMEDA alameda 5 de Outubro/25~35유로

김효선의 일정	지명	구간거리 km	누적거리 km	시설정보 및 이용요령
Day 16	ALBERGARIA A NOVA	6.6	312.6	바/상점
	PINHEIRO DE BEMPOSTA	5.6	318.2	바/상점
	OLIVEIRA DE AZE-MÉIS	7.6	325.8	도시/모든 편의시설 있음/봄베이로스(소방서)에서 숙소 제공
	SÃO JOÃO DA MADEIRA	8.7	334.5	도시/모든 편의시설 있음 • CASA PADRE & 봄베이로스(무료 숙박) 1. RESIDENCIAL SOLAR SAO JOAO 주소 Praca Luis Ribeiro 165/3인 50유로 2. PENSAO PARENTE Rua Dr. Brito Guimaraes. 3. PENSAO ALAMEDA alameda 5 de Outubro/25~35유로
Day 17	MALAPOSTA	7.1	341.6	바
	FERRADAL	2.6	344.2	바
	LOUROSA	1.6	345.8	바
	MOSTEIRO DE GRIJÓ	7.7	353.5	바/식당/약국
	PEROSINHO	4.7	358.2	바
	VILA NOVA DE GAIA	7.1	365.3	도시/모든 편의시설 있음

Day 17	PORTO	3.6	368.9	대도시/모든 편의시설 있음 • PENSAO RESIDENCIAL SOLAR 1. DE CONGA, RUA DO BONJARDIM/2인 25~35유로 2. 소방서도 숙소 제공/기타 저렴한 숙소가 많다.
Day 18	CAPELA DE ARAUJO	9.6	378.5	
	MAIA	2.0	380.5	바
	VILAR DO PIN-HEIRO	5.5	386	바/식당/숙소
	VILARINHO	3.2	394.2	바/카페/식당/숙소 만일 포르투에서 차를 타고 적당한 곳에 내려서 걷겠다고 하면 VILARINHO에서 내리는 것을 추천하겠다. 알베르게가 있다. 마을에 도착하면 오른쪽 도로를 따라간다. '알베르게 페레그리노'라고 표시되어 있다. 도로를 따라가다 왼편에 있는 작은 약국에서 열쇠를 받아간다. 알베르게는 학교 옆 건물로 운동장 한쪽에 있다. 침대는 4개이나 체육관의 매트리스 위에서 잠을 잘 수도 있다.
Day 19	JUNQUIEIRA	5.3	399.5	바
	SÃO MIGUEL DE ARCOS	2.5	402	
	SÃO PEDRO DE RATES	4	406	작은 도시/모든 편의시설 있음 포르투갈 길에 공식적으로 첫 번째 알베르게가 있다. 대부분의 순례자는 포르투를 버스로 출발하여 VILARINHO에 내려서 걷기 시작해 이곳에 도착해 머물거나 아예 이곳 상페드로에 도착해 하루 머물고 순례를 시작한다.

김효선의 일정	지명	구간거리 km	누적거리 km	시설정보 및 이용요령
Day 19	PEDRA FURADA/GOIOS	6	412	모든 편의시설 있음
	PEREIRA	3.4	415.4	카페/작은 상점
	BARCELOS	6.1	421.5	도시/모든 편의시설 있음 소방서에서 잠자리를 제공하나 위치가 좋지 않다. 일반적으로 레지덴시알은 20~35유로. 도심 안 카미노에서 크게 벗어나지 않은 성당 주변에 숙소가 있다.
Day 20	VILA BOA	3	424.5	
	ALTO DA PORTELA	6.4	430.9	카페/카페테리아
	PONTE DAS TABOAS	4.5	435.4	
	VITORINO DOS PIÃES	7.2	442.6	바/식당
	ALTO DA ALBERGARIA	1.3	443.9	
	PONTE DE LIMA	10.6	454.5	모든 편의시설 있음 알베르게는 리마 다리 건너에 있지만 6월 오픈함. 다리 건너기 전 숙소와 레스토랑이 많으며 숙소는 35~40유로 수준. 1. Residencial S. João 레스토랑과 함께 있는데 다리를 등지고 왼편 레스토랑과 함께 있다. 깨끗하고 저렴하다. 2인 35유로, 혼자 쓸 경우 30유로. 2. 봄베이로스(무료숙박) Rua Dr. Luis da Cunha Nogueira

Day 21	ARCOZELO	3.1	457.6	
	ARCO	4.6	462.2	카페+작은 상점
	ALTO DA POR-TELA GRANDE DE LABRUJA	5.4	467.6	
	SÃO ROQUE	3.8	471.4	레지덴시알
	RUBIÃES	1.3	472.7	알베르게, 레스토랑/바+작은 상점 • 깨끗하고 시설 좋은 알베르게다. 만일 문이 열려 있지 않으면 알베르게 앞에서 아스팔트 길을 따라 내려가다 길가에 있는 레스토랑에서 열쇠를 받아와야 한다. 숙박비는 기부금.
Day 22	Santuario de SÃO BENTO DA PORTA ABERTA	4.3	477	바/작은 상점
	FONTOURA	3.3	480.3	바/식당
	PAÇOS	2.1	482.4	카페/빵집/카페테리아/상점
	VALENÇA DO MINHO	6.6	489	알베르게 및 숙소 다양함/모든 편의시설 있음
	PORTUGAL–ESPANA 국경			
	TUY	3.2	492.2	알베르게 및 숙소 다양함/모든 편의시설 있음 • 알베르게는 깨끗하고 위치 좋다. 대성당을 지나 그 옆 경찰서(아님 시청)를 왼쪽으로 두고 작은 골목길을 내려가면 계단 옆에 알베르게가 있다. 이글레시아에서 운영하는데 표시가 잘 안 되어 있어 순례자들이 이 주변에서 많이 헤맨다.

김효선의 일정	지명	구간거리 km	누적거리 km	시설정보 및 이용요령
Day 23	MAGDALENA	7.2	499.4	바
	ORBENLLE	2.0	501.4	바
	O PORRIÑO	6.7	508.1	바/식당/알베르게/숙소/모든 편의시설 있음
	MOS	5.2	513.3	바/식당/알베르게
	REDONDELA	9.8	523.1	도시/모든 편의시설 있음 알베르게가 동네 중심에 있어 편의시설 이용이 편하고 좋다.
Day 24	ARCADE	7.1	530.2	모든 편의시설 있음
	SANTA MARTA	8.0	538.2	바/레스토랑
	Albergue de PON-TEVEDRA	3.1	541.3	도시/모든 편의시설 있음. • 폰데베드라 입구의, 기차역 바로 옆에 훌륭한 알베르게가 있다. 알베르게 입구 앞의 바 겸 레스토랑의 숯불구이는 매우 훌륭함.
Day 25	ALBA(SAN CAETANO)	6.2	547.5	
	BARRO(SAN AMARO)	4.2	551.7	
	LA SECA	6.6	558.3	바/작은 상점
	BRIALLOS (PORTAS)	1.7	560	알베르게/작은 상점

Day 25	CALDAS DE REIS	5.1	565.1	작은 도시/모든 편의시설 있음 알베르게에 가보니 사용할 수 없었다. 그 근처에 호텔과 오스탈이 많음. • Hostal Lotus 더블 30유로. 가장 저렴하고 깨끗하며 편리한 위치다. 침대 세 개 있는 방은 1인당 15유로. 오스탈 건너편에 있는 바와 레스토랑에서 호텔 안내와 열쇠를 받는다.
Day 26	CARRACEDO	5.8	570.9	바/레스토랑
	SAN MIGUEL DE VÁLGA	6.2	577.1	바/상점
	PONTECESURES	3.6	580.7	바/슈퍼
	PADRÓN	2.7	583.4	알베르게 및 숙소 다양함/모든 편의시설 있음
	IRIA FLAVIA	1	584.4	알베르게/작은 상점
	Santuario de ES-CLAVITUDE	5.1	589.5	카페/바/식당
	AREAL	2.5	592	숙소/바/식당 • Restaurante Hospedaje Glorioso 더블 25유로 식당 겸업
Day 27	Albergue TEO	1.9	593.9	알베르게/바/상점
	MILLADOIRO	6.5	600.4	바/식당
	SANTIAGO DE COMPOSTELA	6.6	607	대도시/모든 편의시설 있음
Day 28~30	SANTIAGO DE COMPOSTELA	—	—	대도시/모든 편의시설 있음

camino portuguese

산티아고 가는 길에서
포르투갈을 만나다

지은이 김효선
펴낸이 김언호
펴낸곳 (주)도서출판 한길사

등록 1976년 12월 24일 제74호
주소 413-120 경기도 파주시 광인사길 37
www.hangilsa.co.kr
http://hangilsa.tistory.com
E-mail: hangilsa@hangilsa.co.kr
전화 031-955-2000~3 **팩스** 031-955-2005

부사장 박관순 **총괄이사** 김서영 **관리이사** 곽명호
영업이사 이경호 **경영담당이사** 김관영 **기획위원** 유재화
책임편집 백은숙 김지희 **편집** 안민재 김지연 이지은 김광연 이주영
마케팅 윤민영 **관리** 이중환 김선희 문주상 원선아

디자인 디자인창포
CTP 출력 및 인쇄 예림인쇄 **제본** 한영제책사

초판 제1쇄 2010년 3월 8일
개정판 제1쇄 2015년 2월 5일

값 17,000원
ISBN 978-89-356-6932-5 03980
ISBN 978-89-356-6933-2 (세트)

• 잘못 만들어진 책은 구입하신 서점에서 바꿔드립니다.

이 도서의 국립중앙도서관 출판시도서목록(CIP)은 서지정보유통지원시스템 홈페이지(http://seoji.nl.go.kr)와
국가자료공동목록시스템(http://www.nl.go.kr/kolisnet)에서 이용하실 수 있습니다.
(CIP제어번호: CIP2015002181)